重庆工商大学学术著作出版基金资助

青少年网络风险认知
及其对网络行为的影响研究

余建华／著

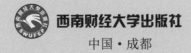西南财经大学出版社

中国·成都

图书在版编目(CIP)数据

青少年网络风险认知及其对网络行为的影响研究/余建华著.—成都:西南财经大学出版社,2023.4
ISBN 978-7-5504-5729-4

Ⅰ.①青… Ⅱ.①余… Ⅲ.①计算机网络—网络安全—研究
Ⅳ.①TP393.08

中国国家版本馆 CIP 数据核字(2023)第 054228 号

青少年网络风险认知及其对网络行为的影响研究

QINGSHAONIAN WANGLUO FENGXIAN RENZHI JIQI DUI WANGLUO XINGWEI DE YINGXIANG YANJIU

余建华 著

责任编辑:李特军
责任校对:陈何真璐
封面设计:墨创文化
责任印制:朱曼丽

出版发行	西南财经大学出版社(四川省成都市光华村街55号)
网　　址	http://cbs.swufe.edu.cn
电子邮件	bookcj@swufe.edu.cn
邮政编码	610074
电　　话	028-87353785
照　　排	四川胜翔数码印务设计有限公司
印　　刷	郫县犀浦印刷厂
成品尺寸	170mm×240mm
印　　张	12.5
字　　数	310 千字
版　　次	2023 年 4 月第 1 版
印　　次	2023 年 4 月第 1 次印刷
书　　号	ISBN 978-7-5504-5729-4
定　　价	78.00 元

前　言

从我 2007 年在 CSSCI 刊物发表第一篇关于互联网的文章以来，时光已在不经意间走过了 16 个年头。这期间，尽管研究兴趣有些许变化，但都始终围绕着一条主线即互联网展开。2009 年，我以网络侵犯行为为主题，成功申报首个国家社科基金项目。犹记当时获知立项时的兴奋之情，至今仍难以言表！这个项目的立项让我坚定了深耕互联网领域的信心。

第一个项目结题后，我开始思考下一个选题。当时的中国，有两个重要背景：一是风险社会的到来。"风险社会"这个由德国社会学家贝克于 1986 年首次提出的概念，经由英语世界的传播，再加上 2003 年"非典"危机的暴发，引起了国内学术界的广泛关注。二是互联网的迅猛发展和网络社会的崛起。作为现代科技的产物，互联网自被引进我国以来，就以超出常人想象的速度，进入寻常百姓家，并促成了网络社会的崛起。互联网的独有魅力，也深深地吸引了成长中的青少年，使他们成为互联网中规模最为庞大的一个群体。对于这个群体而言，他们如何看待网络社会中的各种风险？他们对网络风险的认知又会对他们的网络行为产生怎样的影响？这就构成了我最初想回答的问题。很幸运，以这样的想法为核心，我成功申报了第二个国家社科基金项目。而该书正是此项目的结题成果。

全书共七章，重点回答以下问题：青少年视野中的网络风险项目有哪些？他们是如何看待这些网络风险项目的？青少年的网络风险认知水平如何？哪些因素会对青少年网络风险认知产生影响？不同水平的网络风险认知又会对青少年的网络行为产生怎样的影响？我们又该如何促进以青少年为中心的网络风险治理？通过研究，得出了一些很有趣的结论。比如，青少年对网络风险的认知不仅具有地区差异，而且存在典型的乐观偏见，即青少年认为其本人遭遇的网络风险要小于其他人，且即便发生了，所产生的后果也不如发生在其他人身上的严重。再比如，随着年龄的增长和学习阶段的变化，青少年感受到的网络风险也越来越高。初中阶段，低风险认知组的人数显著多于高风险认知组；到了高中阶段，高风险认知组的人数开始反超；到了大学阶段，这种趋势继续保持，并且高风险认知组的人数越来越多。国家社科基金项目评审专家在成果鉴定中指出："成果主要概念明确，研究逻辑线索较清晰。运用实证研究方法，通过数据的收集与处理来分析问题。通过研究论证，得出了一些有意义和启发性的新结果、新认识。"

如果把该书作为个人学术生涯的一个阶段性总结，那它对我起码有两层意义：一是对自我的挑战和突破。对于一个擅长理论研究和质性研究方法的学者来说，首次采用定量的方法来完成此项工作，其难度可想而知。曾有数月，挑灯夜战，只为让那近两千份问卷变得鲜活起来。二是对互联网研究的坚持。关注一个领域并不难，难的是在一个领域不断坚持。十几年间，我也有很多次想从互联网中跳出来，走到一个全新的领域。但再三权衡利弊，终究还是将所有的爱留给了互联网。

该书主题包括"青少年""网络风险认知"和"网络行为"，既可供关爱青少年成长的读者阅读，也可供对社会心理学和网络社会学感兴趣的读者研究参考。若干年后，如果还有人提起这本书，我自是很开心。如果还有人说，这本书开卷有益，我已是非常开心了。

余建华

2023 年写于山城重庆

目　录

第一章　青少年网络风险认知：青少年和网络风险的不期而遇

> 现代性正从古典工业社会的轮廓中脱颖而出，正在形成一种崭新的形式——（工业的）"风险社会"……在这里，不必给自陷危境的文明、令人恐怖的全景画再添加任何东西，这种景象在舆论市场的各个部分都业已被充分描绘……问题是，如何以在社会学上受到启发和得到训练的思想来把握和概念化这些当代精神中的不安全感。
>
> ——［德］乌尔里希·贝克

自 1986 年德国社会学家贝克在《风险社会》一书中正式提出"风险社会"概念以来，特别是 1992 年《风险社会》一书的英文版问世之后，有关风险社会的研究开始成为西方学者关注的焦点。国内学者对风险社会的关注主要始于 21 世纪初，特别是 2003 年"非典"的暴发，让他们愈加意识到风险社会研究的重要性，继而纷纷加入风险社会研究这一阵营。在关注现实社会中的风险问题时，以互联网技术为核心架构出来的网络社会因存在网络犯罪、网络黑客和网络病毒等网络社会问题，并具备风险社会所需的内在结构要素，被认为也是一个风险社会，即"网络风险社会"。"网络社会正是这样一个灾难的可能性和不确定性已经成为其内在结构要素的社会形态，因而在本质上是一个风险社会。"① 当网络社会步入风险社会或至少是一个充满风险的社会，且对人们日常生活的影响愈加显著时，网络风险问题也就得以从公众的视野中凸显出来。

在日益增长且数量庞大的网民当中，青少年网民尤为引人关注。根据中国互联网络信息中心发布的《2015 年中国青少年上网行为研究报告》，早在 2015 年，青少年网民规模就已达到 2.87 亿，占当时中国青少年人口总体的 85.3%、全国整体网民比例的 41.7%，远高于该年 50.3% 的全国整体网民互联网普及

---

① 黄少华. 风险社会视域中的网络社会问题 [J]. 科学与社会，2013（4）：16.

率。与此相映照的是，由共青团中央维护青少年权益部和中国互联网络信息中心联合发布的《2019 年全国未成年人互联网使用情况研究报告》显示，2019年我国未成年人互联网普及率已达 93.1%！其中，城镇和农村未成年人互联网普及率分别为 93.9% 和 90.3%，均在 90% 以上。青少年网民因其正处在成长阶段，一方面既被赋予厚望，另一方面又心智相对不够成熟，对外界充满好奇，但知识和经验匮乏，易被外界不良现象迷惑。互联网作为现代科技的产物，内容丰富、形式多样、使用便捷，极大地迎合了青少年的特定心理需求。与此同时，在畅游网络的过程中，青少年也面临各种网络风险。隐私泄露、网络病毒和垃圾信息等，无不提示着网络风险的存在。网络风险犹如一张巨大的网，时刻准备将青少年吸纳其中。尽管没有事先的刻意安排，但青少年和网络风险还是犹如两个萍水相逢者，在互联网发展的特定历史阶段，在网络社会这一特定场域，实现了不期而遇。有关青少年网络风险认知的话题也应运而生。

一、问题的提出

"风险"一词有着悠久的过去，但却只有短暂的历史。说其悠久，是因为"风险"概念早在 14 世纪时就已出现。"风险"这一词语最早出现在同一世纪的意大利文献（1319 年）和西班牙语（14 世纪）中①。早期的风险主要与航海相关。由于海上贸易的利益驱动及所面临的不确定性，"风险"概念应运而生②。早期与自然相关的风险被吉登斯称为"传统风险"。说其短暂，是因为风险引起社会广泛关注的时间较短，是从贝克的那本《风险社会》及有关的风险社会理论开始。风险社会理论所探讨的是"人为制造的风险"，也被称为"现代风险"。一般来说，传统风险所涉及的范围和人群都有限。现代风险出现的主因之一即为现代科技发展。现代科技发展在带给人们巨大物质福利的同时，也产生了许多意想不到的后果，致使人类面临核泄漏风险、化学产品风险和致命性病毒风险等形形色色的人为风险。正如吉登斯所言，"我们今天生活于其中的世界是一个可怕而危险的世界，核泄漏、环境污染、食品安全等风

---

① 杨海. 风险社会：批判与超越 [M]. 北京：人民出版社，2017：25.

② 关于这一说法的一个更为详细版本是：远古时期，以捕鱼为生的渔民每次出海时，都要祈祷神灵，保佑自己出海时海面风平浪静，能平安归来。渔民们深知，出海捕鱼受海风的影响巨大。而风是不确定的、无法预知的，风的出现又常常与危险相伴随，风即意味着险。由此，"风险"一词也就得以在长期的实践中产生。

险问题时刻困扰着我们。"① 不同于传统风险，"现代风险的空间影响是全球性的，超越了地理边界和社会文化边界的限制。其时间影响是持续的，可以影响到后代，常常表现为一些完全超乎人类感知能力的放射性、空气、水和食物中的毒素和污染物，以及相伴随的短期和长期的对植物、动物和人体的影响。其不确定性和危害性远远超出传统风险，甚至无法确定、不可预见。其突发性、迅速扩散性，导致风险后果在时间、地点和人群上也难以预测和控制。"② 1986 年，发生于苏联的切尔诺贝利核泄漏事件不仅导致大量人口或死亡，或遭受核辐射病痛折磨，整个普里皮亚季城被废，而且当时的辐射尘还影响到了瑞典、法国、德国和意大利等欧洲国家。

围绕风险，大体存在以下三种研究路径：其一是对客观风险的研究，如风险预警、风险评估等。风险预警包括预警指标的构建、预警区间的划分等。风险评估则包括风险发生的概率及可能产生的负面影响、确定组织承受风险的能力、风险消减的策略等。已有的大量相关研究都是关于这一方面的。其二是关于主观风险的研究，即人们主观上如何看待风险。这就涉及风险认知问题。风险认知（risk perception），在与其体量相当的文献当中，也被称为风险感知。风险由危害发生的可能性和后果严重程度两部分构成。风险认知就是对危害发生的可能性和后果严重程度的主观认识。Thomson 等认为，风险认知研究之所以重要，有两方面的原因：一是与风险沟通相关。既然风险沟通的目的是帮助人们获得他们所需的信息，那么，了解人们是如何对风险进行认知以及风险认知为什么会存在巨大差异，就成为有效风险沟通的重要前提。二是知道人们关心什么以及为什么关心，可为重要决策的制定提供参考③。以这两种研究路径为基础，形成了两套话语：一套是以科学、专业和统计知识为基础的专家或科学话语，另一套则是以社会的、直觉性的知识为基础的公众话语④。实践证明，这两套话语之间存在巨大差异。差异的本质则是客观风险和主观风险的区别。例如，专家认为风险较低的核技术，公众却认为较高；而对吸烟所带来的风险，专家认为较高，公众却认为较低。公众感知到的风险和专家等利用科学技术手段评定的客观风险之间之所以存在巨大差异，主要原因在于：专家对客

① 安东尼·吉登斯. 现代性的后果 [M]. 田禾，译. 南京：译林出版社，2011：9.

② 张广利，黄成亮. 风险社会理论本土化：理论、经验及限度 [J]. 华东理工大学学报（社会科学版），2018（2）：12.

③ MARY E. THOMSON, DILEK ÖNKAL, GÜLBAN GÜVENÇ. A cognitive portrayal of risk perception in turkey: some cross-national comparisons [J]. Risk Management, 2003, 5 (4): 25.

④ A. J. MAULE. Translating risk management knowledge: the lessons to be learned from research on the perception and communication of risk [J]. Risk Management, 2004, 6 (2): 20.

观风险的评估建立在一套在他们认为科学、合理的流程、指标体系和研究方法之上；不同于专家风险认知对基于过去事件所形成的统计资料的依赖，公众风险认知主要依赖个体独特的感官体验。风险的经历、媒介的传播等，都可能影响公众对风险的认知。要解码公众与专家风险认知的差异问题，关键是要理解公众风险认知。而要理解公众风险认知，则需要明确影响公众风险认知的因素有哪些。由此，公众风险认知的影响因素研究得以从诸多问题中脱颖而出，成为风险认知研究的重点。实质上，大量的研究，甚至包含这一领域的一些经典研究，都对风险认知的影响因素进行过重点探讨。其三，除单纯对主客观风险研究之外，第三种研究路径则是综合性的，即把主客观风险都纳入其中。这主要是从风险管理或风险治理的角度来说的。例如，核电站的建设，合理的做法是：既对可能存在的各种客观风险进行科学评估，又从周边居民、核电站工作人员等角度，了解他们如何看待核风险。

按照风险社会理论，网络风险属于"人为制造的风险"，因为互联网本身就是现代科技发展的产物。1958年，为了对抗苏联卫星上天所带来的潜在威胁，美国专门成立了一个负责国防科学研究的机构——国防部高级研究计划署[简称"阿帕"（ARPA）]。1969年，也正是这个机构成功研制出了人类历史上第一个计算机网络——阿帕网。1983年，原有的阿帕网分裂成专属科学研究的阿帕网（ARPANET）和直接与军事应用有关的军用网（MILNET）。1986年，美国国家基金会建立了国家科学基金网（NSFNET）。1990年，美国国防部宣布正式取消阿帕网。此后，互联网开始走向民用，得到快速发展。具体到中国，1987年9月，北京计算机应用技术研究所正式建立中国第一个国际互联网电子邮件节点，并发出了第一封题为"穿越长城，走向世界"的电子邮件，由此揭开了中国使用互联网的序幕。1994年4月，中国正式联入美国国家科学基金网，至此，中国被国际上正式承认为真正拥有全功能Internet的国家。从互联网的简要发展历程中可以看出，互联网的诞生最初是出于军事目的，之后走向研究和民用。但无论是出于何种目的，互联网都是借助现代科技、人为制造的产物。

可能连互联网的初创者们也没想到，互联网一旦走向民用，会和人们的生活发生如此紧密联系。网络信息搜索、网络沟通交流、网络娱乐和网络商务交易等，这些通过网络所进行的活动，俨然已成为现代生活的一部分。互联网不仅成功地介入人们的生活，某种程度上还在塑造和改变人们的生活！正如任何事物都有两面性，互联网作为现代科技的产物，在便利人们日常生活的同时，也产生了意想不到的"现代性后果"：木马、蠕虫等病毒随时可能窃取你的数据资料，瘫痪你的电脑；网络诈骗不仅可能让你隐私泄露，还可能将你账户里的余额一扫而空；长时间地沉迷于网络，不仅耗费你大量的时间和精力，还让你对网络之外的事情或是无暇顾及，或是缺乏兴趣；而垃圾信息、色情信息和诈骗信息等则可能毫无征兆地出现在你的邮箱或是正常的信息搜索结果当中，令你防不胜防……

　　针对互联网所带来的意外后果，不同领域的专家、学者依据自身的研究兴趣和目的，从不同角度给予了不同的解读。其中之一即从网络风险的角度进行解读。如复旦大学的张涛甫教授认为，互联网的出现颠覆了传统的安全概念和逻辑，形成了新的安全风险。造成这一问题的原因主要有三点，即技术脆弱招致的安全风险、行为体不当作为造成的安全风险和大国霸权带来的安全风险①。如果同意张涛甫教授的这一观点，那么，后续的相关工作应是对这三种网络风险进行客观评估。在评估基础上，再提出相应解决策略。中国社会科学院的田丰研究员等针对网络暴力、网络色情信息、网络诈骗和网络性骚扰信息等四个方面网络风险，对影响青少年网络风险的因素进行了调查分析。田丰等发现，男性青少年更容易发生网络风险；网络风险发生的可能性随青少年触网年龄降低而增高；父母受教育程度越高，青少年网络风险的可能性越低；父母沉迷网络以及不与父母共同居住更容易导致网络风险发生②。

　　按照现有的风险研究路径，张涛甫等的研究实质是对网络客观风险的研究。此类研究为我们深入理解网络风险的发生、发展及其治理提供了有益参考和可资借鉴的思路。但对网络风险的理解若仅停留在客观层面，那么这不仅不足以达成对网络风险的全面、深入理解，而且也为网络风险的沟通与治理留下深深的隐患。这一点已在核风险认知中得以验证。例如，20 世纪 80 年代中后期，由于对科学、政府及核工业管理人员的信任缺失，再加上对核知识的缺乏，当时美国内华达州的大多数居民都对选择该州作为核废物永久存放点，感知到了巨大的风险，并做出反对行为③。具体到网络风险，尽管公众承认网络中充满风险，甚至学界还在讨论网络风险社会的到来，但对于一般的上网者而言，他们对网络风险的认知和专家对网络风险的评估并不能简单等同。由此，在网络风险的研究议题当中，也应同网络客观风险一样，对网络风险认知问题

---

① 张涛甫. 当下中国网络风险问题归因 [J]. 人民论坛，2016 (4)：32-33.

② 田丰，郭冉，黄永亮，等. 青少年网络风险影响因素调查分析 [J]. 中国人民公安大学学报（社会科学版），2018 (5)：1-9.

③ PAUL SLOVIC, JAMES H. FLYNN, MARK LAYMAN. Perceived risk, trust, and the politics of nuclear waste [J]. Science, 1991, 254 (5038)：1603-1607.

引起高度重视。或许是认识到从主观层面探讨网络风险的重要性，有少量研究开始了这方面的尝试。例如，有研究者依据已有风险认知研究成果，归纳出公众网络风险认知的影响因素有情绪、价值观、网络媒介传播等①。还有研究者探讨了社交媒体信任对隐私风险认知的影响。研究发现，社交媒体信任负向影响用户的隐私风险认知，网络人际信任在其中发挥中介作用②。但总体而言，这类研究不仅总量偏少，而且，要么缺乏实证资料支撑，要么研究对象限于一般公众。

根据中国互联网络信息中心发布的历年统计，青少年网民在全国网民总体中一直占据重要比重。从生命发展历程来看，青少年处于儿童和成人之间的过渡阶段，过渡性是青少年心理发展的一个根本特点③。生理上，青少年发展一个典型特征即为青春期开始。这种生理上的变化又对其心理产生影响，如对异性的好奇、希望周边人把自己当作大人来看待等。认知水平上，他们的认知能力已经接近或达到成人水平。他们对成人不再唯唯诺诺，而是开始有自己的想法和判断；但经历和经验的相对匮乏，又使得他们容易为表面现象所迷惑。社会地位上，政治地位、法律地位等都开始发生变化，他们的责任感也在显著增强。所有这些都表明，青少年和成人有着较为明显的区别。

既然青少年和成人之间有着较大差别，那么，有关网络风险认知的研究若将对象仅局限于一般公众，不仅忽视了公众群体内部的差异，也不利于对青少年网络风险的教育。无论是从深化网络风险认知研究，还是基于对青少年网络风险教育的考虑，青少年网络风险认知研究都已刻不容缓，都应被提上议事日程。具体到本项研究，我们想知道的是：青少年视野中的网络风险项目有哪些？他们是如何看待这些网络风险项目的？青少年的网络风险认知水平如何？哪些因素会对青少年网络风险认知产生影响？不同水平的网络风险认知又会对青少年的网络行为产生怎样影响？我们又该如何促进以青少年为中心的网络风险治理？带着这样的一些问题，接下来我们将开启一段有趣而又有意义的学术探索之旅。

---

① 张文惠. 公众网络风险感知的影响因素及群体划分研究 [J]. 四川行政学院学报，2017 (5)：11-15.

② 牛静，孟筱筱. 社交媒体信任对隐私风险感知和自我表露的影响：网络人际信任的中介效应 [J]. 国际新闻界，2019 (7)：91-109.

③ 张文新. 青少年发展心理学 [M]. 济南：山东人民出版社，2002：9.

二、风险认知与网络行为：相关文献回顾

（一）有关风险认知的研究

风险认知是对客观风险的主观认识，是风险沟通及与风险相关的公共政策制定过程中需重点考虑的议题之一。像所有的认知一样，风险认知是人们为了在复杂世界中计划、选择和行动，用来理解世界的一种特殊的解释过程，是人们对不愉快事件发生可能性的一种主观判断①。自 20 世纪 70 年代以来，风险认知研究吸引了来自心理学、社会学、医学、公共管理等学科专家的极大关注。从滑坡、洪水等传统风险到气候变化、网络等新兴风险，从 HIV、吸烟等主要与特定人群相关的风险到犯罪、恐怖主义等涉及国家安全与社会稳定的风险，风险认知研究在诸多领域得以广泛应用，风险认知研究成果也层出不穷。

1. 风险认知的影响因素

（1）收益。1969 年，Starr 在《科学》杂志发表了《社会收益与技术风险》一文。在该文中，Starr 提出了一个经典问题：多安全才是足够安全？为回答这一问题，Starr 提出了可接受风险-收益权衡模式，即公众风险认知受到收益的影响。Starr 认为，通过试误的方式，对任何一项活动，社会都已在可接收风险和收益之间达成最优。因此，人们可以利用过去或是当前的风险和收益资料来揭示可接受风险-收益权衡模式。Starr 通过研究发现：社会对风险的可接受程度直接受到公众对某项活动收益的认识的影响；风险的可接受性大约是收益（真实的或是想象的）的三次方②。

（2）恐惧等心理测量因素。Starr 的风险-收益分析受到了 Fischhoff 等人的强有力挑战。Fischhoff 等人把 Starr 的做法称为"显示性偏好"，并认为这种方式涉及的是公众行为而不是态度。Fischhoff 等人提出了"表达性偏好"的方法，即通过问卷调查测量公众对不同活动的风险和收益态度。具体来说，Fischhoff 等人采用心理测量范式，要求 76 名来自美国妇女选民联盟的成员从感知到的风险、可接受的风险和感知到的收益等方面，对酒精饮料、自行车等 30

---

① KERRY THOMAS, H J DUNSTER, C GREEN. Comparative risk perception: how the public perceives the risks and benefits of energy systems [J]. Proceedings of the Royal Society of London. Series A, Mathematical and Physical Sciences, 1981, 376 (1764): 35-50.

② CHAUNCEY STARR. Social benefit versus technological risk [J]. Science, 1969, 165 (3899): 1232-1238.

项活动或技术进行评分，结果发现：就这 30 个风险项目而言，感知到的现有风险和收益之间几乎没有系统性关联。当前的风险水平普遍被认为高得令人难以接受。但是，如果把当前的风险水平调整到被认为是可接受程度时，风险和收益之间才存在相关关系。在对 Starr 的风险-收益分析进行批判后，接下来 Fischhoff 等要求参与者采用 7 点评分的方式，从自愿性、即时性、可控性、科学上已知程度、已知个人被暴露的情况、新颖性、恐惧、后果的严重性和灾难性等 9 个维度对上述 30 个项目再次进行评定。这 9 个维度被 Fischhoff 等人认为对风险认知具有影响。研究结果发现，这 9 个维度和感知到的风险之间存在高度相关。通过因素分析，这 9 个维度最终被提炼成恐惧风险和未知风险两个基本维度①。考虑到无论是 30 个风险项目还是 9 个维度，它们涵盖的范围还不够广，还有很大局限性，在后续研究中，Slovic 等人将风险项目的数量从 30 个扩展到 90 个，评定的维度也从原来的 9 个扩展到 18 个，调查的对象也替换为大学生。研究发现，这 18 个维度可提炼成 3 个因素。除去原来的恐惧风险和未知风险这两个因素之外，新增了第 3 个因素，即社会和个人暴露，它反映的是暴露于危险的人群数量和个人暴露的程度。在这 3 个因素当中，最重要的是恐惧风险②。不过，需提及的是，在对心理测量模型的拓展中，SjÖberg 所得结论与 Fischhoff 等人的有所不同。SjÖberg 也采用 7 级评定量表，要求参与者从 22 个维度对客运航空运输等 13 项技术和产品进行评分。经过统计分析，最终也提炼出 3 个影响因子，分别是：恐惧、新的和未知的风险、损害自然。其中，损害自然被认为是解释风险认知差异的最重要的独立变量③。

　　Fischhoff 等人把恐惧视为影响风险认知的一个主要因素，这一做法激起了有关情绪在风险认知中作用的讨论。例如，SjÖberg 通过仔细检查发现，Fischhoff 等人的心理测量模型中忧虑因素实际上是由好几个表示后果严重性而不是情绪的项目组成。准确地说，忧虑中只包含了一个情绪项目。而这一项目和感知到的风险之间只是一种弱关系。SjÖberg 指出，人们理所当然地认为情绪应该和风险认知相关，但却未能证实这种关系的存在。基于此，SjÖberg 通

　　① BARUCH FISCHHOFF, PAUL SLOVIC, SARAH LICHTENSTEIN, et al. How safe is safe enough? a psychometric study of attitudes towards technological risks and benefits [J]. Policy Science, 1978, 9 (2)：127-152.

　　② PAUL SLOVIC, BARUCH FISCHHOFF, SARAH LICHTENSTEIN, et al. Perceived risk：psychological factors and social implications [J]. Proceedings of the Royal Society of London. Series A, Mathematical and Physical Sciences, 1981, 376 (1764)：17-34.

　　③ LENNART SJÖBERG. Attitudes toward technology and risk：going beyond what is immediately given [J]. Policy Science, 2002, 35 (4)：379-400.

过对三组不同调查数据的分析发现：情绪确实是风险认知的一个强有力的解释因素。并且，情绪和风险认知之间呈中度相关。虽然积极情绪和消极情绪都对风险认知有影响，但消极情绪的影响更大。在所有情绪当中，最重要的是生气而不是害怕。害怕和满意同等重要①。而在一项针对挪威公众交通运输风险认知的调查中，Moen 等人发现，焦虑是风险认知的最重要预测因子。Moen 等人将交通运输分为公共交通运输和私人交通运输两种。焦虑解释了公共交通运输风险认知方差中的 23.9%、私人交通运输中的 18.9%②。Kahan 则通过对相关文献的检索发现，大家都认可情绪在公众风险认知中具有重要作用，但却不太清楚起着什么作用以及它为什么起作用。Kahan 检查了两个与情绪相关的风险认知理论。一个是非理性权衡者理论。该理论认为，由于信息、时间、计算能力等的限制，人们更多时候是依赖本能的情绪反应来对风险进行评估。情绪对风险认知的贡献在于，它引发了启发式推理。另一个是文化评估者理论。该理论认为，情绪可以使个体意识到他们的风险立场是与他们的价值观相一致的。换句话说，文化规范塑造了人们的情绪，而情绪又影响着他们的风险认知，如对哪些风险更加关注等③。

（3）世界观等文化因素。有关世界观等文化因素对风险认知影响的论述，最有代表性的当属 Douglas 等提出的文化理论。文化理论开始叫网格—组分析。后来人们意识到该分析方法是一种理论，于是这一称呼后来就不再被使用。到 20 世纪 80 年代，文化理论（cultural theory）的叫法开始流行。但考虑到文化理论仅是诸多有关文化的理论之一，它并不能代表所有的文化理论，为避免误解，于是在英文名称上，文化理论就由原来的"cultural theory"变成了"Cultural Theory"。今天，有关文化理论的较为规范的叫法则是"社会文化可行性理论"（the theory of sociocultural viability）。Douglas 最初的想法是，需要一个框架来处理文化差异问题。Douglas 设想，确定两个基本维度。基于这两个维度，所有的文化就都能被评估和分类。这两个维度即后来提出的个人主义和社会整合。其中，个人主义被称为"网格"（grid），社会整合被称为"组"（group）。在此基础上，形成了四种文化类型。尽管对四种文化类型的命名有

---

① LENNART SJÖBERG. Explaining individual risk perception: the case of nuclear waste [J]. Risk Management, 2004, 6 (1): 51-64.

② BJØRG-ELIN MOEN, TORBJØRN RUNDMO. Perception of transport risk in the Norwegian public [J]. Risk Management, 2006, 8 (1): 43-60.

③ DAN M. KAHAN. Two conceptions of emotion in risk regulation [J]. University of Pennsylvania Law Review, 2008, 156 (3): 741-766.

所不同，但公认的称呼分别是：等级主义、个人主义、宿命论和平等主义。除这四种类型之外，有学者还提出了第五种文化类型①（见图1.1）。

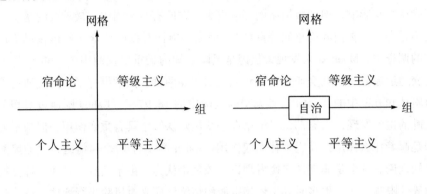

图1.1 对文化类型的不同区分

图1.1中，左图区分了四种文化类型，右图在"组"与"网格"交叉点上增加了第五种文化类型，即自治，表示既不受他人控制也不控制他人。但关于第五种文化类型是否存在以及如果存在又该如何命名，学界并未达成统一意见。

等级主义、个人主义、宿命论和平等主义这四种文化类型也被视为四种不同的世界观。世界观的不同导致了风险认知上的差异。其中，个人主义者相信所有人都有自由，而不需要任何管控；等级主义者相信环境与技术风险应交由合适专家来管理；宿命论者认为生活中所发生的一切都是命中注定的，因而他们难以或根本就无法控制他们所面临的风险；平等主义者相信公平地分配权力和责任，以致风险问题应交由所有人而不是少数技术精英或那些有权力去做的人来决定②。

风险认知中的文化差异比较有两种方式：国内组间比较和跨国比较。国内组间比较，通常的做法是：对同一国家内不同文化子群体的风险认知进行比较。其理论预设是 Douglas 等人的文化理论，即假定风险是社会和文化建构的结果。它试图发现社会生活的哪些方面诱发了人们面对危险时的特定反应。而

① VIRGINIE MAMADOUH. Grid-group cultural theory: an introduction [J]. GeoJournal, 1999, 47 (3): 395-409.

② A. J. MAULE. Translating risk management knowledge: the lessons to be learned from research on the perception and communication of risk [J]. Risk Management, 2004, 6 (2): 17-29.

跨国比较则倾向于采用心理测量的方法①。前者如 Rohrmann 对澳大利亚四个不同子群体风险认知的比较。这四个子群体分别是："技术取向的"（包括工程师和技术科学方面的学生）、"生态取向的"（包括环保问题专家和环境心理学专业的学生）、"女权主义取向的"（包括女权主义群体成员和从事妇女研究的学生）和"金融主义取向的"（包括会计、财务经理以及经济与财政专业的学生）。研究发现：在大多数风险项目上，"女权主义取向的"群体对风险的评分等级最高，而"技术主义取向的"群体则最低。换句话说，"女权主义取向的"群体感知到的风险最高，利益和风险可接受性最低；而"技术主义取向的"群体则感受到了更多的利益，并且更愿意去接纳风险②。后者即跨国比较如 Hoover 等人所做的研究。在一项关于墨西哥和美国的比较研究中，Hoover 等人通过对墨西哥蒙特雷和美国休斯敦两座城市中上层女性的问卷调查，结果发现：在沐浴肥皂、牙刷和速溶咖啡三个日用品上，墨西哥消费者的风险认知水平均显著低于美国③。而一项针对欧洲 15 国共计 11 054 名工人的调查发现，就感知到的职业压力风险而言，希腊排名最高，爱尔兰最低。研究认为，社会文化因素对工人的职业压力风险认知有影响。澳大利亚、爱尔兰及英国的社会文化因素消减了工人们感知到的职业压力风险，而希腊、意大利和法国的社会文化因素则提升了工人们感知到的职业压力风险④。

（4）信任。自 20 世纪 90 年代起，信任开始成为风险认知研究的一个主要问题。当人们面对危险需要做决策但又缺乏相关知识时，只能依赖于他人。这时，信任就变得很重要。Terpstra 对洪水风险认知的研究发现，对公共防洪工作的高度信任降低了荷兰市民对洪水风险的认知，而这又阻碍了他们为可能发生的洪水做好防护准备的意图⑤。信任是影响风险认知的一个重要因素，但这种影响到底有多大，不同研究者有不同看法。例如，Siegrist 研究发现，信任能解释基因技术风险认知差异中的 19%，能解释面对害虫、核电和人造甜味剂

① MARY E. THOMSON, DILEK ÖNKAL, GÜLBAN. GÜVENÇ. A cognitive portrayal of risk perception in Turkey: some cross-national comparisons [J]. Risk Management, 2003, 5 (4): 25-35.

② BERND ROHRMANN. Risk perception of different societal groups: Australian findings and cross-national comparisons [J]. Australian Journal of Psychology, 1994, 46 (3): 150-163.

③ ROBERT J. HOOVER, ROBERT T. GREEN, JOEL SAEGERT. A cross-national study of perceived risk [J]. Journal of Marketing, 1978, 42 (3): 102-108.

④ K DANIELS. Perceived risk from occupational stress: a survey of 15 European countries [J]. Occupational and Environmental Medicine, 2004, 61 (5): 467-470.

⑤ TEUN TERPSTRA. Emotions, trust, and perceived risk: affective and cognitive routes to flood preparedness behavior [J]. Risk Analysis, 2011, 31 (10): 1658-1675.

这三种危险物时感知到的风险中的40%。而 SjÖberg 通过将信任分解为一般信任、具体信任和对未知的相信，结果发现：当人们面对商业航空等 13 个危险时，平均而言，信任大约能解释风险认知差异中的20%。其中，一般信任、具体信任和对未知的相信分别为 5%、5% 和 10%①。信任与风险认知之间呈负相关关系，且不像人们理所当然地认为的一种强关系，而只是一种弱的或中等程度关系。SjÖberg 对法国、西班牙等西欧 5 国居民风险认知的研究也证实了这一点②。

（5）信息及呈现方式。与风险相关信息的呈现可以影响人们的风险认知，这已为诸多研究所证实。但影响的效果如何，则在不同案例中有所不同。如 1989 年 4 月至 6 月，台湾电力公司在中国台湾地区发动了一场关于建设第四核电厂的讨论。其目的旨在让大众意识到他们对核电的恐惧是不正确的，进而尽快促使大众在建设第四核电厂的必要性上达成共识。有研究者利用这次讨论前后（分别是当年的 3 月和 7 月）进行了两次调查，结果发现：这次讨论不仅没有降低被调查者感知到的核电风险，反而增长了典型应答者对核电风险的认知③。Riddel 对核废料运输风险认知的研究证明，尽管人们希望通过信息的呈现来帮助被调查者形成对风险的更为精准的认知，但事实可能并不尽如人意。这是因为，当人们面对更多来源的信息，特别是当这些信息还可能互相矛盾、相互冲突时，他们很难从中理出头绪，他们更可能相信风险是模棱两可和不确定的④。除信息内容之外，信息的呈现方式也对风险认知产生影响。例如，为了解有关氡风险的不同信息材料对人们的氡风险认知的影响，Smith 等人将有关氡风险的材料以 6 种方式呈现。首先，他们按照定量和定性、指导和诱导两个维度，将信息材料分为四种类型：指导/定量型、指导/定性型、诱导/定量型和诱导/定性型。此外，还提供了另两种类型材料。一种是官方宣传手册。该手册的语气介于控制指导和诱导之间，但包括详细的定量信息。另一种则是单页简报。该简报只有两个有关氡风险和一些背景信息的段落及一个表格。研究结果发现：用来解释氡风险的信息对人们的氡风险认知具有显著影响。不仅

---

① LENNART SJÖBERG. Attitudes toward technology and risk：going beyond what is immediately given [J]. Policy Science, 2002, 35 (4)：379-400.

② LENNART SJÖBERG. Risk perception in Western Europe [J]. Ambio, 1999, 28 (6)：534-549.

③ JIN-TAN LIU, V KERRY SMITH. Risk communication and attitude change：Taiwan's national debate over nuclear power [J]. Journal of Risk and Uncertainty, 1999, 3 (4)：331-349.

④ MARY RIDDEL. Risk perception, ambiguity, and nuclear-waste transport [J]. Southern Economic Journal, 2009, 75 (3)：781-797.

如此，相对于那些获得大量信息者，那些仅收到单页简报的被调查者，更倾向于形成更高的风险认知。而相对于仅收到简报者，那些接收到用定量方式来描述风险信息者，其感知到的风险明显要更小①。

与信息相关的还有新闻报道。Mazur 对德国等 16 个国家的研究表明，那些有关环境的新闻报道量上升的国家，其国民对环境危险的认知也在增加；相反，那些有关环境的新闻报道量下降的国家，其国民对环境危险的认知也在减少。换句话说，公众对所谓的危险的关注，随新闻报道的增加而增加，随新闻报道的减少而减少。至于新闻报道的具体内容并不是特别重要，只要它暗示了危险可能发生即可②。

（6）风险经历。风险经历对风险认知影响的一个典型事例是 Anadu 等人关于饮用水风险认知的研究。Anadu 等人试图回答的问题是：居住的社区存在饮用水污染问题的居民和居住在同等规模的社区但该社区不存在饮用水污染问题的居民，他们对饮用水的风险认知是否存在显著差异？Anadu 等人选择了位于美国俄勒冈州的 4 个小镇进行调查。A 镇的饮用水多年以来一直存在过滤问题且这个问题之前曾多次被告知给当地居民；B 镇与 A 镇的人口规模相当但当地不存在水质问题；C 镇的公共饮水系统曾因洪水泛滥而被大肠杆菌污染过，且在洪水之后当地税务部门曾发出过烧水的建议；D 镇与 C 镇的人口规模相当且未发生过因洪水而导致的公共饮水系统被污染问题。Anadu 等人采用分层抽样方法对 A、B、C、D 等 4 个城镇共计 391 名 18 岁以上居民进行了电话访问，结果发现：居住的城镇遭遇过饮用水污染问题的居民比居住的城镇规模相当但却不存在饮用水污染问题的居民，在饮用水风险认知方面，确实存在显著差异。具体来说，A 镇居民的风险认知得分要显著高于 B、C、D 三个城镇的居民得分。B、C、D 三个城镇的居民得分比较相似，但 C 镇居民得分要略高于 B、D 两镇居民得分。Anadu 等人认为，造成这种现象的原因在于，A 镇和 C 镇居民虽然都曾遭遇过饮用水污染问题，但 A 镇居民因曾多次被告知饮用水污染问题，这提高了他们对饮用水风险的认知水平。而 C 镇居民虽然也曾遭遇过类似问题，但被告知的次数要远少于 A 镇居民，且 C 镇居民将因洪水而导致的饮用水污染看作是一个短暂而不是长期事件。这说明，风险经历能够对风

---

① V KERRY SMITH, WILLIAM H DESVOUSGES, F REED JOHNSON, et al. Can public information programs affect risk perceptions? [J]. Journal of Policy Analysis and Management, 1990, 9 (1): 41–59.

② ALLAN MAZUR. Risk perception and news coverage across nations [J]. Risk Management, 2006, 8 (3): 149–174.

险认知产生影响，但这种影响要在风险经历曾对他们的风险认知有过影响且这种经历被唤醒的前提下才可能发生[①]。Hernández-Moreno 等人对滑坡风险认知的研究也证实了风险经历对风险认知的影响。Hernández-Moreno 等人所调查的墨西哥特兹尤特兰市，历史上曾遭受滑坡灾害事件影响。Hernández-Moreno 等人调查了特兹尤特兰市的两个社区：一个位于市中心，没有明显的滑坡风险；另一个则有明显滑坡风险，且在近几年内曾直接遭受过滑坡影响。Hernández-Moreno 等人的调查结果表明，居住在这两个社区的居民都能意识到滑坡风险，但居住在后一个社区的居民，其对滑坡风险的认知水平要显著高于前一个社区居民[②]。Thistlethwaite 等人对加拿大境内 2 300 份洪水风险认知调查数据的分析也表明，对相当多的被调查者而言，先前的洪水经历导致他们感知到的洪水风险增加，而那些没有经历过洪水的人则不太可能感知到更多的洪水风险。相对于没有经历过洪水者，有过洪水经历者更加关注未来的洪水风险[③]。

（7）社会互动。社会互动对被调查者的艾滋病毒/艾滋病风险认知是否有影响，这是 Helleringer 等人曾经努力思考和探索的问题。利用在非洲马拉维收集的纵向数据，运用固定效应分析，Helleringer 等人发现，朋友、同辈群体、亲戚及社区成员之间的社会互动对被调查者的艾滋病毒/艾滋病风险认知具有显著影响。被调查者社会网中相当大的一部分人，因为对感染艾滋病毒/艾滋病的担忧，倾向于提高被调查者对艾滋病毒/艾滋病风险的认知。Helleringer 等人还进一步分析了社会互动的两个主要机制：社会学习和社会影响。通过这两个机制，社会互动促使人们对艾滋病毒/艾滋病的态度发生转变[④]。与 Helleringer 等人相似，Lauver 等人也探讨了社会互动对风险认知的影响。更准确地说，Lauver 等人探讨了来自主管的支持、风险认知、未报告的受伤事件这三者之间的关系。Lauver 等人对来自制造、销售、采矿等高风险行业的 464 名职工进行了调查，结果发现：来自主管的支持对职工工伤风险认知具有显著影

① EDITH C. ANADU, ANNA K. HARDING. Risk perception and bottled water use [J]. Journal (American Water Works Association), 2000, 92 (11): 82-92.

② GUADALUPE HERNÁNDEZ-MORENO, IRASEMA ALCÁNTARA-AYALA. Landslide risk perception in Mexico: a research gate into public awareness and knowledge [J]. Landslides, 2017, 14 (1): 351-371.

③ JASON THISTLETHWAITE, DANIEL HENSTRA, CRAIG BROWN. How flood experience and risk perception influences protective actions and behaviours among canadian homeowners [J]. Environmental Management, 2018, 61 (2): 197-208.

④ STÉPHANE HELLERINGER, HANS-PETER KOHLER. Social networks, perceptions of risk, and changing attitudes towards HIV/AIDS: new evidence from a longitudinal study using fixed-effects analysis [J]. Population Studies, 2005, 59 (3): 265-282.

响。并且，受伤风险认知在主管的支持和职工未报告的受伤事件之间起调节作用，即来自主管的支持影响着职工工伤风险认知，而这种认知又对职工是否报告受伤事件产生影响①。

（8）性别、年龄等人口统计变量。诸多研究表明，性别、年龄、教育水平、健康程度、职业、收入和婚姻状况等人口统计变量都可对风险认知产生影响。例如，Andersson 等人在一项关于道路死亡风险认知的研究中发现，17~19、20~24、25~34、35~44、45~54、55~64 和 65~74 这几个年龄组中，相对于 45~54 这个参照组，25~34、55~64 和 65~74 这三个年龄组的被调查者更可能低估他们的道路死亡风险；相对于女性而言，男性感知到的道路死亡风险更低，对风险认知的精确性也不如女性；身体健康状况越好者，感知到的道路死亡风险也越低，也更可能低估他们的总体死亡风险②。Bronfman 等人对在智利 5 大城市所做的 2 054 份调查问卷进行了统计分析，结果发现，被调查者的年龄越大、受教育水平越低，他们感知到的自然灾害风险就越高。并且，女性感知到的自然灾害风险要显著高于男性③。Ahmad 等人有关旅游风险认知的研究也发现：女性对旅游风险的敏感性要略强于男性；受教育的水平越高，所处的阶层地位越高，对旅游风险的认知水平也就越高；城市居民比农村居民的风险认知水平要高④。Derevensky 等人对赌博风险认知的研究也得出相似结果。Derevensky 等人发现，被调查者的教育水平和职业地位越低，身体健康状况越好，对迷信和运气愈加相信，他们感知到的赌博风险就越少⑤。需指出的是，风险认知中的性别差异不仅存在于普通大众之间，在专业人士如科学家中也同样存在。例如，Baker 等人对 1 011 名科学家的问卷调查发现，在核风险认知方面，相对于女性科学家，男性科学家感知到的核技术风险更少。Baker 等人认为，男、女科学家在核风险认知方面的差异不是不同科学训练水平的体现，

① KRISTY J. LAUVER, SCOTT LESTER, HUY LE. Supervisor support and risk perception: their relationship with unreported injuries and near misses [J]. Journal of Managerial Issues, 2009, 21 (3): 327-343.

② HENRIK ANDERSSON, PETTER LUNDBORG. Perception of own death risk: an analysis of road-traffic and overall mortality risks [J]. Journal of Risk and Uncertainty, 2007, 34 (1): 67-84.

③ NICOLÁS C BRONFMAN, PAMELA C CISTERNAS, ESPERANZA LÓPEZ-VÁZQUEZ, et al. Trust and risk perception of natural hazards: implications for risk preparedness in Chile [J]. Natural Hazards, 2016, 81 (1): 307-327.

④ FANGNAN CUI, YAOLONG LIU, YUANYUAN CHANG. An overview of tourism risk perception [J]. Natural Hazards, 2016, 82 (1): 643-658.

⑤ MICHAEL SPURRIER, ALEXANDER BLASZCZYNSKI. Risk perception in gambling: a systematic review [J]. Journal of Gambling Studies, 2014, 30 (2): 253-276.

也不是对核技术态度差异的缘故。要解释风险认知中的性别差异，应从社会角色、地位分化和生理差异等方面来考虑①。

（9）知识、态度等其他因素。除上述因素之外，知识等其他可对风险认知产生影响的因素也被加以探讨。例如，Bosschaart 等人通过对 617 名荷兰学生的调查发现，对来自洪水易发地区的学生而言，有关洪水的地方性知识在他们个人的洪水风险认知形成中起着重要作用②。Williams 等人在莫桑比克东南城市贝拉的研究发现，影响当地居民霍乱风险认知的因素除了知识外，还有污垢等视觉线索以及降雨量增加等季节性环境标志等。污垢等视觉线索以及降雨量增加等季节性环境标志等之所以成为影响当地居民霍乱风险认知的因素，是因为垃圾等污垢被当地人认为是霍乱病菌的栖息地；当地霍乱发病率高峰期是从当年 12 月到次年的 3 月这一段潮湿炎热的时间③。而 Slovic 等人则证实，如果人们对某项活动持支持态度，那他们倾向于认为该活动的风险低，收益高；反之，则倾向于认为风险高，收益低④。SjÖberg 等人还发现了风险认知中的一个有趣现象，即个人风险（personal risk）评定与一般风险（general risk）评定的区别。SjÖberg 等人发现，在对恐怖主义的风险认知中，对个人风险的评定要远低于对一般风险的评定。并且，在对个人风险评定中，评定为低风险的人数比率是评定为高风险人数的 5 倍多；而在对一般风险的评定中，评定为低风险的人数比率则只有评定为高风险人数的 1 倍多⑤。Buxton 等人也发现，当要求 761 名没有患过乳腺癌的城市和农村妇女对她们自己患乳腺癌的风险和妇女们患乳腺癌的一般风险分别进行评定时，前者要显著低于后者⑥。风险认知中这种拉低个人风险，认为个人风险要低于一般风险的现象，被 Sutton 等人称为"乐观偏见"或"不切实际的乐观"⑦。Murthy 等人考察了家族史对风险认知

① RICHARD P. BARKE, HANK JENKINS-SMITH, PAUL SLOVIC. Risk perceptions of men and women scientists [J]. Social Science Quarterly, 1997, 78 (1): 167-176.

② ADWIN BOSSCHAART , WILMAD KUIPER, JOOP VAN DER SCHEE, et al. The role of knowledge in students' flood-risk perception [J]. Nat Hazards, 2013, 69 (3): 1661-1680.

③ LORRAINE WILLIAMS, ANDREW E COLLINS, ALBERTO BAUAZE, et al. The role of risk perception in reducing cholera vulnerability [J]. Risk Management, 2010, 12 (3): 163-184.

④ PAUL SLOVIC, ELLEN PETERS. Risk perception and affect [J]. Current Directions in Psychological Science, 2006, 15 (6): 322-325.

⑤ LENNART SJÖBERG. The perceived risk of terrorism [J]. Risk Management, 2005, 7 (1): 43-61.

⑥ JANE A BUXTON, JOAN L BOTTORFF, LYNDA G. BALNEAVES, et al. Women's perceptions of breast cancer risk: are they accurate? [J]. Canadian Journal of Public Health, 2003, 94 (6): 422-426.

⑦ STEPHEN SUTTON. Perception of health risks: a selective review of the psychological literature [J]. Risk Management, 1999, 1 (1): 51-59.

的影响。Murthy 等人采用前后测的方式，对 665 名居住在美国匹兹堡的非裔美国人进行了调查研究，结果发现：经过家族健康史干预之后，大多数参与者对患乳腺癌、结肠癌和前列腺癌这三种疾病的风险都有了一个准确认知。在家族健康史干预之前，这些参与者中曾分别有 43.3%、43.8% 和 34.5% 的人对患乳腺癌、结肠癌和前列腺癌的风险有过不准确认知。经过干预后，他们对患这三种疾病的风险都达到了准确认知①。Kilinc 等人发现，风险认知还受到被调查者所在区位影响。Kilinc 等人在土耳其政府打算建造第一座核电站的背景下，对土耳其三个不同地区共计 2 253 名学生进行了调查，以了解他们对核电的看法。这三个地区中，一个暂时没有建造核电站的计划，另两个已被提议作为核电站建造的合适选址。Kilinc 等人的调查结果表明，所在城市没有核电站建造计划的学生，更相信核电可能带来的利益。而所在城市已被提议作为建造核电站合适地点的学生，更相信核电所产生的风险。他们认为，核电可对它附近的人、动植物产生伤害②。被调查者所在区位对风险认知的影响也得到了 Raška 的验证。Raška 通过对东欧、中欧地区的国家在 1990—2014 年间发表的有关洪水风险认知的文章的分析，发现被调查者所在区位是影响洪水风险认知的一个重要因素。对洪水易发区的被调查者而言，洪水的威胁提高了他们对洪水风险的认知水平③。

以上因素，大体可归纳为心理、社会、文化和经济四种（见表 1.1）。

表 1.1　风险认知的影响因素

心理因素	社会因素	文化因素	经济因素
恐惧等心理测量因素	性别、年龄、健康程度、收入和婚姻状况等人口统计变量；知识；社会互动；风险相关的社会信息及呈现；家族史；被调查者所在区位	教育水平、职业、信任、态度、风险经历、世界观等文化因素	收益

---

① VINAYA S MURTHY, MARY A GARZA, DONNA A ALMARIO, et al. Using a family history intervention to improve cancer riskperception in a black community [J]. Journal of Genetic Counseling, 2011, 20 (6): 639-649.

· ② AHMET KILINC, EDWARD BOYES, MARTIN STANISSTREET. Exploring students' ideas about risks and benefits of nuclear power using risk perception theories [J]. Journal of Science Education and Technology, 2013, 22 (3): 252-266.

③ PAVEL RAŠKA. Flood risk perception in Central-Eastern European members states of the EU: a review [J]. Natural Hazards, 2015, 79 (3): 2163-2179.

从心理、社会、文化和经济四个层面对影响公众风险认知的因素进行分析，这有点类似于韦伯所说的"理想类型"。有些因素，如信任，虽将其划入文化因素，但信任也可从心理或是社会层面来理解。或者说，信任本身兼具心理、社会和文化多方面属性。为了理解方便，将其纳入文化因素当中，但并不应否认其心理和社会属性。

对于这些被零散发现的影响因素，有一种综合的理论框架试图将它们整合起来。这主要指 Kasperson 等人提出的风险的社会放大框架。风险的社会放大指信息过程、制度结构、社会群体行为和个体反应共同塑造风险的社会体验，从而促成风险后果的现象①。它是一种综合的理论框架，旨在克服风险认知和风险沟通研究零散的特点。所谓的"放大站"可以是个体、社会团体或组织，如科学家、记者、政府机构等。社会放大则发生在信息的传递和社会机制的响应这两个过程当中。虽然风险的社会放大并非专门为探讨公众风险认知的影响因素而创立，但它却可在一定程度上将影响公众风险认知的诸多因素纳入其中，进而对公众与专家风险认知差异问题进行适度解释。"这种架构能够解释一系列研究的发现，包括：对媒体的研究；对风险认知心理测量和文化流派的研究；对应对风险结构反应的研究。这一框架还可以适用于更窄范围内，描述潜藏于风险认知和风险反应之下的各种动态社会进程。特别是那些被专家们评估为相对低风险的特定风险和事件，却成为社会关注和社会政治活动焦点的过程（风险强化），而另一些则是专家们认为比较危险，却受到社会相对较少关注的风险（风险弱化）。"② 风险的社会放大对公众风险认知影响因素的理论综合作用体现在，风险经过个体、社会团体和组织等"放大站"时，在心理、社会等因素的共同作用下，产生风险强化或是风险弱化现象，最终实现对公众风险认知的影响。在这里，影响公众风险认知的因素不再是孤立的，而是以"放大站"为载体，得以共同发挥作用。这也更加符合公众风险认知的实际情况。风险的社会放大框架能在一定程度上把影响公众风险认知的因素纳入其中，但因其本身并不是为综合公众风险认知的影响因素而量身定制，所以在理解公众风险认知的影响因素方面，这种框架也存在较为明显缺陷。除了对个体层面的关注过多之外，有一些现象如社会网络是如何对公众风险认知产生影响的，风险的社会放大并不能很好地解释。所以，在未来的研究中，除了进一步

---

① ROGER E KASPERSON, ORTWIN RENN, PAUL SLOVIC, et al. The social amplification of risk: a conceptual framework [J]. Risk Analysis, 1988, 8 (2): 181.

② 珍妮·X卡斯帕森，罗杰·E卡斯帕森. 风险的社会视野（上）[M]. 童蕴芝，译. 北京：中国劳动社会保障出版社，2010：184-185.

对影响公众风险认知的因素进行探讨之外，建构一个专门的、综合性的理论框架，用以解释这些影响因素是如何共同对公众风险认知发挥作用的，则显得尤为必要。

2. 风险认知的类型

过去大量有关风险认知的研究，实质上已反映出人们在风险认知类型上的差异。Renn 认为，风险认知至少呈现出如下五种类型，即将风险视为致命威胁、将风险视为命运、将风险视为对力量的测试、将风险视为碰运气的游戏、将风险视为预警指标。这五种风险认知类型在科技和自然灾害领域尤为适用①。

（1）致命威胁型。技术，特别是工业技术风险具有两个重要特征：一是从理论上说，技术失败随时可能发生，哪怕实际上发生的可能性非常小；二是技术失败一旦发生，它可能给人类和环境带来灾难性后果。与这类风险相关的风险源包括核电站、液化天然气存储设备、化工生产基地以及其他可对人类和环境产生灾难性后果的人造危险源。技术风险对人们认知的影响与三个因素紧密相关：事件的随机性、预期的最大影响以及采取风险控制措施的时间跨度。

（2）命运型。虽然地震、洪水或龙卷风等自然灾害也和技术风险相似，它的发生具有不确定性，可对人类和环境带来灾难性后果，留给人们采取风险控制措施的时间也有限，但这类风险更多地被视为命运，而不像技术风险那样被视为人们决策和行动的后果。Renn 认为，面对自然灾害风险，人们要么逃离风险情境，要么否认它的存在。风险事件越是罕见，人们就越可能否认这种风险的存在；风险事件越是频繁发生，人们就越可能逃离危险区域。因此，那些居住在地震和洪灾区的人们，在一场灾害之后又常常返回到这些地区居住，这种行为虽谈不上完全理性，但也就能理解了。

（3）力量测试型。尽管存在大量风险，但是，当人们攀登世界最高峰而没有携带辅助呼吸设备时，当人们以远超规定的速度行驶时，当人们从山顶跳下却只有一对人工翅膀而没有采取其他安全措施时，风险就具有了新的意义。在所有这些行为中，人们冒险的目的是为了测试自身的力量，体验征服自然或其他风险因素所带来的成功感。Renn 认为，这类风险具有如下一些特征：自愿参与；具有对相应风险的个人控制和影响能力；暴露于风险情境的时间有限；有能力为风险活动做好准备并采取恰当的技能；有对克服风险的社会

---

① ORTWIN RENN. Perception of risks [J]. The Geneva Paper on Risk and Insurance. Issues and Practice, 2004, 29（1）: 102-114.

认知。

（4）碰运气型。在将风险视为对能力的测试中，要进入这种类型的活动，能力是首要考虑因素。而将风险视为碰运气的游戏这类有得有失的活动，却与玩家的能力无关。以买彩票为例，中奖的概率可以客观计算出来，但研究表明，人们总是高估自己中彩的可能性。只要赌注在他们可承受范围之内，他们仍愿意为此支付赌资。

（5）预警指标型。将风险视为预警指标有助于及早发现潜在危险，发现活动或事件之间的因果关系及其潜在影响。这种类型的风险认知可被用于处理小剂量的辐射、食品添加剂等。例如，电离辐射可以诱发癌症。如果癌症病人都出现在核电站附近，那么，我们就有理由怀疑辐射来自该核电站。这样，我们可以及时查找出事故的可能原因，防止事故的进一步扩大。

3. 风险认知的测量

从已有研究来看，对风险认知的测量都依赖于被调查者的自我报告。在此基础上，学界形成了各种具体的测量方法。其中，Fischhoff 等人提出的心理测量范式在风险认知测量中具有较大影响力。按照心理测量范式创始人之一的 Slovic 的观点，心理测量方法"包含的理论框架假定风险是由个体主观界定的，而这样的个体受到各种各样的心理、社会、制度和文化因素的影响……借助设计恰当的调查工具，其中的许多因素及其相互之间的关系可以被量化和建模，以说明面对危险时个体和社会的反应"[1]。它的基本做法是：以问卷形式罗列出危险项目，然后要求被调查者依次对危险项目的危害程度进行测评，或者是按照研究者所提供的维度对每个危险项目进行评定。对调查所得出的结果，最简单的分析方法就是，计算出每个危险项目的平均得分，从而得出调查样本的平均评定量级。借此，就可和通过其他方式得出的客观风险的量级进行比较。更复杂的则是一种被称为危险评估模式的分析方法，它将评估为相似的危险项目以聚类的形式呈现。当然，我们还可以采用多维尺度分析的方法，构造出关系的二维或三维空间图。通过以上方式，我们就可以对不同危险项目、不同人群的风险认知进行比较，或者是从不同维度对一个或多个危险项目的风险认知进行评估[2]。

除心理测量方法之外，测量自然灾害风险认知特别是洪水风险认知时，还有一种常用方法，即认知绘图（cognitive mapping）。认知绘图是一个心理转换

---

① PAUL SLOVIC. The Perception of Risk ［M］. London：Earthscan, 2000：221.

② T R LEE. The public's perception of risk and the question of irrationality ［J］. Proceedings of the Royal Society of London. Series A, Mathematical and Physical Science, 1981, 376 (1764)：5-16.

过程。通过该过程，人们日常环境的相对位置和属性等信息得以被表征出来。认知绘图是空间认知的一个子集，更是环境认知的一个子集。认知绘图可以以空间地图的形式表现出来。而绘制出来的地图即代表了环境认知的空间属性。近年来，认知绘图方法被用于识别被污染的区域等。在认知绘图基础上，再经特定分析，还可将感知到的风险和采用其他技术手段得到客观风险相比较，进而看出这两者之间的差异所在。例如，O'Neill 等人就利用认知绘图方法，再采用空间统计技术，对爱尔兰布雷小镇居民的洪水风险认知进行了较为深入的量化研究①。

Dowling 等人则认为，风险认知的测量方法无外乎两种：一种是复合的方法，另一种则是分解的方法。在前一种方法中，对特定的、具有多个属性的对象或产品的风险认知总体水平，通过对感知到各个属性的风险认知水平进行加权求和而得。各个属性的风险认知水平又可以通过两种方式加以计算：不确定性乘以不良后果；或者是损失的可能性乘以损失的重要性。而在后一种方法中，它将被调查者购买某件产品所感知到总体风险分解为与产品属性相关联的成分效用值②。Dowling 等人所提及的这两种方法在消费风险认知研究中应用较为广泛。

对风险认知的测量，虽然问卷调查法最为常用，但访谈法等其他方法也常常被使用。例如，Hulton 等人采用焦点小组访谈的方法，对乌干达姆巴莱地区 12 个单性小组共计 104 名参与者性行为风险认知进行了调查。结果发现，在早育和不合时宜的生育方面，女性感知了大量且具体的身体、社会和经济风险；而对男性而言，怀孕和生育被认为不是他们的义务，因而感知到的这方面的风险极小③。除问卷和访谈外，Vargas 等人则试图开发出专用量表以对性风险认知进行测量④。需指出的是，无论是问卷还是访谈等其他形式，都涉及样本的抽取问题。SjÖberg 发现，许多研究采用方便抽样的方法，却试图将所得结论推广到总体。SjÖberg 举例说，法国的一项研究只调查了研究生样本，但

---

① EOIN O'NEILL, MICHAEL BRENNAN, FINBARR BRERETON. Exploring a spatial statistical approach to quantify flood risk perception using cognitive maps [J]. Natural Hazards, 2015, 76 (3): 1573-1601.

② GRAHAME R DOWLING, RICHARD STAELIN. A model of perceived risk and intended risk-handling activity [J]. Journal of Consumer Research, 1994, 21 (1): 119-134.

③ LOUISE A HULTON, RACHEL CULLEN, SYMONS WAMALA KHALOKHO. Perceptions of the risks of sexual activity and their consequences among Ugandan adolescents [J]. Studies in Family Planning, 2000, 31 (1): 35-46.

④ SARA E VARGAS, JOSEPH L FAVA, LAWRENCE SEVERY, et al. Psychometric properties and validity of a multi-dimensional risk perception scale developed in the context of a microbicide acceptability study [J]. Archives of Sexual Behavior, 2016, 45 (2): 415-428.

作者却对法国公众的总体情况做结论。并且，该研究成果竟然还得以在风险研究的权威杂志发表。SjÖberg 对这一现象进行了反思，并分析了实践中概率抽样的可能①。

与 SjÖberg 等人相似，Peretto-Watel 等人也认为，在风险认知的测量中，要注意区分个人风险和一般风险。Peretto-Watel 等人在吸烟风险认知的研究中指出，测量吸烟风险认知的方法有两种：第一种是要求被调查者直接给出了一个数字风险估计；第二种则是要求被调查者对他们自己的个人风险与非吸烟者或是普通吸烟者的风险进行比较评估②。从这里面可以看出，第一种方法，实质是对吸烟"一般风险"的评估，而第二种方法则是对吸烟者"个人风险"的评估。

4. 风险认知与风险行为

风险认知与风险行为之间的关系是风险认知研究的重要议题之一。从已有研究来看，风险认知与风险行为之间的关系主要有两种：负相关和正相关关系。前者，也是最典型的，即认为从事某项行为的风险越高，就越不可能从事该项行为。这在吸烟风险认知研究中体现得最为明显。例如，Lundborg 对瑞典青少年的调查数据进行研究发现：吸烟成瘾风险认知和吸烟死亡风险认知与吸烟行为之间均呈负相关关系。也就是说，被调查者认为吸烟成瘾的风险越大，他就越不可能成为一名吸烟者。同理，被调查者认为吸烟死亡的风险越大，他就越不可能成为一名吸烟者。但研究也发现，虽然吸烟成瘾风险认知和吸烟死亡风险认知对是否成为吸烟者具有显著影响，但它们对已是吸烟者的吸烟数量的影响却不显著③。除吸烟风险认知研究之外，在其他主题研究中也发现了风险认知与风险行为之间的负相关关系。例如，Lundborg 等人对 1 029 名年龄在 12~18 岁的青少年的调查发现，饮酒风险认知对饮酒决定具有显著影响。换句话说，个体对饮酒风险的认知越高，就越不可能饮酒④。Miyazaki 等人则发现，高水平的互联网经历可以导致对网络购物风险的低水平认知，而这种低水平认

① LENNART SJÖBERG. The methodology of risk perception research [J]. Quality & Quantity, 2000, 34 (4): 407-418.

② PATRICK PERETTI-WATEL, JEAN CONSTANCE, PHILIPPE GUILBERT, et al. Smoking too few cigarettes to be at risk? smokers' perceptions of risk and risk denial, a French survey [J]. Tobacco Control, 2007, 16 (5): 351-356.

③ PETTER LUNDBORG. Smoking, information sources, and risk perceptions: new results on Swedish data [J]. Journal of Risk and Uncertainty, 2007, 34 (3): 217-240.

④ PETTER LUNDBORG, BJÖRN LINDGREN. Risk perceptions and alcohol consumption among young people [J]. Journal of Risk and Uncertainty, 2002, 25 (2): 165-183.

知又引发了更多的网络购物行为①。而 Morrison 则发现，在泰国清迈，一些男性出于对艾滋病毒的恐惧，他们会找朋友和熟人而不是性工作者作为性伙伴，因为这些人不会让他们感染艾滋病毒②。除负相关关系之外，研究还发现，风险认知和风险行为之间还可能是正相关关系，也即：认为从事某项行为的风险越高，就越有可能从事该项行为。例如，Johnson 等人依据"绝对-相对"和"结果-行为"这两个维度，将风险区分为四种类型：绝对风险（指从事某项行为的风险）、相对风险（指相对于其他人而言，他们从事某项行为的风险）、结果风险（指某个特定的负面结果）和行为风险（指一般行为的风险）。Johnson 等人调查了 74 名高中生和 149 名大学生，要求他们就吸烟和无保护的性行为这两种行为回答相关问题。结果发现：对高中生而言，在"绝对—结果"风险评估方面，对吸烟的风险认知水平越高，吸烟的数量也就越多③。Noroozi 等人对伊朗 460 名毒品注射者的调查也发现了风险认知与风险行为之间的正相关关系。Noroozi 等人依据参与者对感染艾滋病毒风险的认知，将参与者分为"高""中""低"三组。Noroozi 等人研究发现，那些报告了无保护性行为、共享注射器和有多个性伙伴者更可能被归为"高"风险组。也就是说，那些认为感染艾滋病毒风险越高者，越有可能采取无保护的性行为、共享注射器和有多个性伙伴。并且，那些报告无保护的性行为者感知到"高"风险的概率是"低"风险的 2.7 倍④。

为什么风险认知和风险行为之间的关系会呈现出正负不同方向？Johnson 等人认为，主要原因在于测量风险认知的方式不同。而 Mills 等人则给出了另一种解释。Mills 等人认为，风险认知与风险行为之间究竟会呈现何种关系，这依赖于问题中的线索是触发逐字的还是要点式的加工。如果是逐字和定量的加工，则风险认知和风险行为之间呈正相关关系。这时，风险认知反映了人们参与风险行为的程度。相反，如果是总体的、要点式的加工，则风险认知和风

① ANTHONY D MIYAZAKI, ANA FERNANDEZ. Consumer perceptions of privacy and security risks for online shopping [J]. The Journal of Consumer Affairs, 2001, 35 (1): 27-44.

·② LYNN MORRISON. 'It's in the nature of men': women's perception of risk for HIV/AIDS in Chiang Mai, Thailand [J]. Culture, Health & Sexuality, 2006, 8 (2): 145-159.

③ REBECCA J JOHNSON, KEVIN D MCCAUL, WILLIAM M P KLEIN. Risk involvement and risk perception among adolescents and young adults [J]. Journal of Behavioral Medicine, 2002, 25 (1): 67-82.

④ MEHDI NOROOZI, ELAHE AHOUNBAR, SALAH EDDIN KARIMI. HIV risk perception and risky behavior among people who inject drugs in Kermanshah, western Iran [J]. International Journal of Behavioral Medicine, 2017, 24 (4): 613-618.

险行为之间呈负相关关系①。

5. 风险认知与风险沟通

受心理、文化、社会等因素的影响，不仅公众风险认知与专家风险认知之间存在巨大差异，即便是在公众内部，也存在着不同子群体之间的差异。而风险认知又可对风险承担行为产生影响，如此一来，在具体的风险项目上如核废料存储地选址等，利益相关方若不能在风险认知上进行有效沟通，将直接影响该项目的实施。由此，风险认知和风险沟通问题就紧密结合起来，这也是风险认知研究意义的一个体现。

风险沟通指利益相关方在风险的性质、规模、重要性或控制等方面的信息交换②。从以往研究来看，风险认知与风险沟通的关系主要体现在两方面：一方面，强调有效的风险沟通必须考虑公众的风险认知问题。例如，Santos 认为，有效的风险沟通应包括如下一些步骤：第一步，确立沟通的目的与目标；第二步，确定受众及其关注点；第三步，了解影响受众的风险认知问题；第四步，设计风险沟通信息并对这些信息进行测试；第五步，选择恰当的沟通渠道；第六步，实施计划；第七步，对风险沟通程序进行评估③。而 Sly 则以一种悬疑的方式指出，风险沟通清单应包含 7 方面内容：一是我们应该告诉谁？二是我们应该告诉他们什么？三是如果信息不完整怎么办？四是我们应该什么时候告诉他们？五是我们该怎么告诉他们？六是谁应该提供信息？七是与社区的伙伴关系有多重要？④ 在 Santos 的风险沟通方案中，他直接指出要了解影响受众的风险认知问题；在 Sly 的清单当中，字面上虽未直接提及"风险认知"这一字眼，但其第五点"我们该怎么告诉他们"及第六点"谁应该提供信息"等都涉及风险认知问题。所以，Santos 和 Sly 同样都强调了风险认知问题对有效风险沟通的重要性。另一方面，基于风险认知研究成果，提出如何进行有效风险沟通。例如，研究发现，信任对公众的风险认知具有重要影响。在风险沟通中，如果风险信息的来源被公众认为可信，那么，风险就更易为公众所接受。为此，努力提高信任是有效风险沟通的策略之一。再比如，研究发现，风

---

① BRITAIN MILLS, VALERIE F. REYNA, STEVEN ESTRADA. Explaining contradictory relations between risk perception and risk taking [J]. Psychological Science, 2008, 19 (5): 429-433.

② VINCENT T COVELLO. Risk perception and communication [J]. Canadian Journal of Public Health, 1995, 86 (2): 78-79.

③ SUSAN L SANTOS. Developing a risk communication strategy [J]. Journal (American Water Works Association), 1990, 82 (11): 45-49.

④ TIMOTHY SLY. The perception and communication of risk: a guide for the local health agency [J]. Canadian Journal of Public Health, 2000, 91 (2): 153-156.

险认知受信息及呈现方式的影响，那么，在设计风险沟通信息时，要使用公众能理解的语言来进行。正如 Santos 所评论的那样，"许多风险分析师倾向于使用过于专业或官僚的语言，这可能适用于风险评估文件和与其他专家的讨论，但它不适用于与一般公众的沟通。"① 使用公众能理解的语言，这也和美国环境保护署（USEPA）曾经提出的风险沟通四原则相符合，即了解你的风险沟通问题；了解你的风险沟通目标；使用简单和非技术性的语言；倾听你的听众，了解他们的关注点。

（二）有关网络行为的研究

1. 网络行为的内涵与特征

对网络行为内涵的理解当中，归纳较为全面的当属李一。李一认为，网络行为的内涵有狭义和广义两种。从狭义上说，网络行为专指人们在电子网络空间里开展的行为活动；从广义上说，网络行为则不只限于电子网络空间里开展的那些虚拟的形态活动，同时也包括那些与互联网络密切相关、在很大程度上需要借助和依赖互联网络才能顺利开展的行为活动②。

关于网络行为的特征，这方面文献较多，大致可分为两大类：一类是特定网络环境下的网络行为特征，另一类则是特定群体的网络行为特征。在第一类研究中，有研究者指出，在以微博、微信、微视频、微电影等为信息传播载体的"微时代"，大学生的网络行为呈现出以个性化的"微话语"和"微创作"进行情感表达、关注议题多元化及瞬时转换、社会交往呈现拓展融合等特征③。有研究者则通过调查分析发现，在微文化生态下，大学生的网络行为呈现出娱乐多、思考少，浏览多、发声少，理性多、偏激少，认同多、参与少，传统方式多、新媒体使用少等"五多五少"的特征④。在第二类研究中，分析的群体主要集中于青年群体，其中又以大学生群体居多，少量的涉及其他群体。例如，有研究发现，大学生网络行为具有明显的亚文化特征，表现出风格

---

① SUSAN L SANTOS. Developing a risk communication strategy [J]. Journal（American Water Works Association），1990，82（11）：45-49.

② 李一. 网络行为：一个网络社会学概念的简要分析 [J]. 兰州大学学报（社会科学版），2006（5）：48-53.

③ 李小玲. "微时代"大学生网络行为新样态与引导策略 [J]. 思想理论教育，2019（3）：79-83.

④ 尚爻，焦光源，刘芳. 微文化生态下大学生网络行为与认知分析 [J]. 北京邮电大学学报（社会科学版），2018（1）：1-10.

化的亚文化语言、叛逆性的亚文化行为和边缘性的亚文化传播圈①。也有研究
发现，青年的网络行为具有积极和消极二重意义，具有"从新技术亲和到网
络沉溺与消费异化""从线上探新到网络失范"和"从网络理想主义到法律边
界不清"等特征②。还有研究者基于女性主义视角，对女性的网络行为特征进
行了实证分析。结果发现，女性网民的"男性化"特征与其社会地位呈正相
关关系；网络的推广缩小了男女的社会性别差异；女性逐渐拥有了弱化网络
"女性特征"的能力③。

2. 网络行为的类型

这是网络行为研究中探讨得较多的一个方面。划分的标准不同，所得的网
络行为类型也不尽相同。按照网络行为类型的多少，其主要有二分法、四分
法、五分法和六分法几种。例如，有研究者认为，依据网络行为活动开展时行
为主体身份特征和角色定位的不同，网络行为可分为"机构导向"和"个人
导向"两种类型；依据网络行为是否符合既有的社会规范，网络行为可分为
"合规的"与"失范的"两种类型；依据网络行为是否具有危害性后果，网络
行为可分为"有害"和"无害"两种类型④。另有研究者基于使用与满足理
论，将网络行为分为社交媒体行为和其他网络媒体行为⑤。还有研究者将网络
行为区分为工具使用和娱乐使用两种类型⑥。除二分法外，网络行为类型的划
分中，较为常见的是四分法。中国互联网络信息中心在《2015 年中国青少年
上网行为研究报告》中，将网络行为区分为信息获取类、交流沟通类、网络
娱乐类和商务交易类四种。类似于这种区分，有研究者将网络行为区分为互动
交流类、休闲娱乐类、实用工具类和公共参与类四种⑦。与四分法相似，在有
的研究当中，网络行为则被区分为信息类行为、交往类行为、休闲类行为、服

---

① 周山东，刘芳. 大学生网络行为的亚文化特征分析 [J]. 当代青年研究，2013 (5)：77-
81.
② 肖峰，窦畅宇. 青年的网络行为特征及其伦理导引 [J]. 中国青年社会科学，2016 (4)：
24-29.
③ 李楠方，谭思，路紫. 基于女性主义视角的女性网络行为特征分析：以石家庄市一份问卷
调查为例 [J]. 贵州社会科学，2016 (1)：103-107.
④ 李一. 网络行为：一个网络社会学概念的简要分析 [J]. 兰州大学学报 (社会科学版)，
2006 (5)：50.
⑤ 彭丽霞. 网络行为的使用与满足论 [J]. 新闻知识，2018 (5)：9-11.
⑥ 黄少华，武玉鹏. 网络行为研究现状：一个文献综述 [J]. 兰州大学学报 (社会科学
版)，2007 (2)：36.
⑦ 李庆真. 不同代青年群体网络行为的共性与差异性研究 [J]. 中国青年研究，2015 (1)：
85.

务类行为和管理类行为五种①。有的研究者则依据行为的功能，将网络行为划分为通邮行为、聊天行为、交友行为、游戏行为、获取信息行为和发布言论行为六种②。

3. 网络行为的影响因素

关于网络行为的影响因素，黄少华等曾对此有过概述。据他们的研究发现，这些影响因素主要有性别、年龄、教育程度、收入、职业等个人和社会资源，以及社会规则和制度等社会结构因素③。除这些因素之外，其他一些因素，特别是心理层面的因素，亦可对网络行为产生影响。例如，有研究者通过对 1 322 名大学生的调查研究发现：通过人格中的忧虑性可以预测网络通信行为，即那些保守、对新事物常持怀疑态度者可能更少参与网络通信之类活动④。除人格之外，心理健康、自我意识、依恋等也被发现与网络行为相关。如在一项关于农村青少年心理健康与网络行为的研究中，研究者就发现，心理健康低水平与长时间上网行为互为危险因素⑤。另一项基于 767 份在校大学生的问卷调查结果表明，大学生的网络使用行为与自我意识之间显著相关⑥。而在一项关于中学生的调查中，研究者发现，不同依恋类型的中学生的社交网络行为，在隐私维度上的得分差异显著，非安全型中学生比安全型中学生更愿意在社交网络上暴露自己的隐私⑦。

4. 网络行为失范

社会的正常运行当以一定的秩序维持为前提，而一定的社会秩序维持又应以一定的规范约束为基础。当网络行为违反了既定的社会规范时，就产生了失范。有研究者认为，对网络失范行为的判定，应遵循两个标准：一是看网络行

---

① 李一. 网络行为：一个网络社会学概念的简要分析 [J]. 兰州大学学报（社会科学版），2006（5）：50.

② 郭玉锦，王欢. 网络社会学 [M]. 北京：中国人民大学出版社，2017：72-74.

③ 黄少华，武玉鹏. 网络行为研究现状：一个文献综述 [J]. 兰州大学学报（社会科学版），2007（2）：36.

④ 万晓霞. 大学生网络行为与人格特征、自我和谐的关系 [J]. 中国心理卫生杂志，2009（4）：299-300.

⑤ 刘洋，邓晨卉，吉园依，等. 农村青少年的心理健康与网络行为 [J]. 中国心理卫生杂志，2018（2）：148-154.

⑥ 赵新年，倪晓莉. 网络行为与自我意识的相关性分析：以大学生网民为例 [J]. 兰州大学学报（社会科学版），2015（3）：82-88.

⑦ 颜晓敏，吉阳，熊朋迪，等. 中学生的同伴依恋类型与社交网络行为 [J]. 中国心理卫生杂志，2014（6）：466-471.

为本身是否违背或背离了既有社会规范，二是看它们是否具有一定的社会危害性①。在网络行为失范研究中，虽然涉及网络失范行为的表现、应对策略等，但核心是网络行为失范的成因。有研究者认为，对网络行为失范成因的分析应从主客观两方面着手：主观方面，包括主体的认知偏差、规范意识淡漠甚至缺位、自律松懈等；客观方面，则包括规范建构不力和规范作用缺位、正面教育引导的滞后、监管管理和外在监督乏力等②。另有研究则指出，对研究生而言，他们的网络行为失范受到个人、家庭、学校和社会等多层因素的影响。

除上述四方面之外，少量研究还涉及网络使用行为、网络行为偏好和网络道德行为等。

(三) 简要的评价

从对风险认知与网络行为的相关文献回顾中可以发现，前人在与本研究相关的领域已展开了系列研究，取得了丰硕成果。特别是在风险认知领域，在半个多世纪的研究历程中，在诸多学者的共同努力下，人们对风险认知的理解不断深入，与之相关的研究成果也不断产出。所有的这些，都为后续相关研究的开展奠定了坚实的基础。

随着新技术和新现象的出现，风险认知研究也面临新的挑战。例如，互联网作为现代科技的产物，从出现至今，只有一个短暂的历史。网络风险作为一个社会问题产生并引起人们的广泛关注，其历程更短。相对于其他传统领域如洪水风险及洪水风险认知的研究，有关网络风险特别是网络风险认知的研究，出现的时间则要晚得多。实质上，从文献回顾中我们也可发现，对风险认知的研究虽然较多，但主要集中在传统风险领域或是核能等新兴科技领域，对网络风险认知的研究相对较少。已有关于网络风险认知的研究，多侧重于某一具体领域，如网络金融风险认知、网络消费风险认知等，研究的群体也以大学生为主。那种以整个青少年群体为研究对象，对青少年视野中的网络风险进行全面、系统调研的研究尚未发现。而把网络风险认知和网络行为关联起来，探讨网络风险认知对青少年网络行为的影响，更是一个亟需解决的问题，因为前人研究早就发现，风险认知与风险行为之间具有某种关联，青少年对网络风险的认知也可能对他们的网络行为产生影响。

概而言之，已有研究在取得大量成效的同时也还存在诸多不足，还需根据

---

① 李一. 网络行为失范的生成机制与应对策略 [J]. 浙江社会科学，2007 (3)：98.
② 李一. 网络行为失范的生成机制与应对策略 [J]. 浙江社会科学，2007 (3)：97-102.

时代的发展，不断拓展已有研究边界，更新已有研究内容，丰富已有研究手段。具体到本课题，已有研究成果为本课题的开展提供了有益的思路参考和丰富的资料借鉴，存在的缺陷和不足则为本课题的开展提供了研究空间。

三、青少年网民与网络风险认知：概念的界定

（一）青少年网民

本课题的研究对象为青少年网民。要对青少年网民进行概念界定，首先应对青少年和网民的内涵有所了解。无论是在日常话语体系还是在学术研究当中，"青少年"都是经常被提及的一个概念。尽管大家对"青少年"这个概念并不陌生，甚至可能还倍感亲切，因为青少年是每个个体步入成年的必经阶段，但若要给青少年做个年龄界定，却不是一件容易的事。且不说"'青少年'这个概念不是从来就有的，它是历史发展到一定阶段的产物，只有当社会发展到特定的阶段，才会出现这个概念及其外延"①，即便是在"青少年"概念使用非常普及的今天，对青少年的年龄界定依然存在较大分歧。例如，北京大学的王思斌教授认为，青少年的起始年龄为12、13岁，即青春期开始来临的时期；结束于社会成熟期，年龄约在25~30岁②。复旦大学的顾东辉教授认为，青少年始于10~12岁（青少年早期），终于21~22岁（青少年晚期）③。曾任教于兰州大学的黄少华教授将青少年的年龄界定为13~24岁④。长期从事青少年工作的中国青年政治学院陆士桢教授等在综合考虑各方面因素，如青少年生理发育成熟的年龄、青少年犯罪研究的主要年龄范围、人口统计方面的规定、社会习俗等之后，将青少年的年龄界定为14~30岁⑤。除了学界之外，其他领域对青少年的年龄界定也存在分歧。例如，联合国大会1995年12月通过的《到2000年及其后世界青年行动纲领》指出，青年的定义随着政治、经济和社会文化情况的波动而不断变化。该文件所界定的青年年龄上限是24岁。根据《中国共产主义青年团章程》，共青团员的年龄上限则是28岁。在中国

① 陆士桢，王玥. 青少年社会工作 [M]. 3版. 北京：社会科学文献出版社，2017：7.
② 王思斌. 社会工作概论 [M]. 北京：高等教育出版社，1999：168.
③ 顾东辉. 社会工作概论 [M]. 上海：复旦大学出版社，2008：249.
④ 黄少华. 网络空间的社会行为：青少年网络行为研究 [M]. 北京：人民出版社，2008：48-51.
⑤ 陆士桢，王玥. 青少年社会工作 [M]. 3版. 北京：社会科学文献出版社，2017：3.

互联网络信息中心发布的《2015 年中国青少年上网行为研究报告》中，青少年的年龄不应超过 25 周岁。

从毕生发展的角度而言，青少年是从儿童向成人发展的一个过渡阶段。通常把青春期的开始作为青少年起始阶段，青春期的结束作为青少年的结束阶段。但是，在对青少年的界定当中，由于采用的标准不一致，如生理的、认知的、法律的和教育的等，对青少年年龄的界定存在较大差异。曾任美国青少年研究分会主席、美国天普大学心理学教授的劳伦斯·斯滕伯格就曾指出，青春期是一个生理的、心理的、社会的和经济上的过渡阶段。他对从不同视角对青少年进行界定的做法做了一个归纳总结。结果见表 1.2①。

表 1.2 青春期起止时间的标志

不同方面	青春期开始的时间	青春期结束的时间
生理	进入发身期	开始具备性繁殖能力
情感	开始与父母疏远	获得独立的同一感
认知	高级推理能力开始显现	高级推理能力得到巩固
人际关系	兴趣开始从与父母的关系转移到与同龄人的关系上	发展了与同龄人保持亲密关系的能力
社会	开始为成人的工作、家庭和公民角色接受训练	完全获得成人的地位和权利
教育	进入初中	结束正规教育阶段
法律	获得青少年的法律地位	获得成人的法律地位
时序	达到了指定的青春期开始指定的年龄（如 10 岁）	达到了指定的青春期结束指定的年龄（如 22 岁）
文化	开始为成人仪式接受训练	完成成人仪式

鉴于目前对青少年起止年龄界定的多样化，尚未达成统一意见这一现状，参照联合国等各方对青少年的规定和理解，综合考虑生理、教育等方面因素，在本研究中，我们将青少年的年龄范围界定为 12~24 岁。其起点为青春期开始，生理上开始发育成熟，已开始接受初中阶段的教育；终点则为青春期结束，生理发育成熟，已完成大学本科阶段的教育，有些正在接受研究生教育。

在探讨了青少年的年龄范围之后，接下来我们将目光聚焦于另一个概念——

---

① 劳伦斯·斯滕伯格. 青春期：青少年的心理发展与健康成长 [M]. 7 版. 戴俊毅，译. 上海：上海社会科学院出版社，2007：7.

"网民"。"网民"一词由米切尔·霍本（Michael Hauben）所创，具有两层含义：一是泛指任何的网络使用者，二是特指对广大网络社会具有强烈关怀意识，以集体努力的方式建构网络社群的网络使用者①。尽管第二层含义更接近霍本的最初想法，但从实践的角度来看，今天的人们对网民的界定更接近第一层含义，但又有所不同。以中国互联网络信息中心为例，在其发布的前 8 次统计报告当中，并未对网民进行界定；但从 2002 年 1 月发布的第 9 次报告起，其将网民界定为"平均每周使用互联网至少 1 小时的中国公民"；到 2006 年 7 月发布的第 18 次统计报告中，其开始将年龄因素考虑其中，将网民界定为"平均每周使用互联网至少 1 小时的 6 周岁以上中国公民"；到 2007 年 7 月发布的第 20 次统计报告中，为和国际上对网民的界定接轨，其将网民的界定由过去的"每周上网 1 小时"调整为"半年内用过互联网"，即网民指"半年内使用过互联网的 6 周岁及以上中国公民"。纵观中国互联网络信息中心历年对网民的界定，其中有两点非常值得关注：其一，网民是指网络使用者，但对其使用频率有一定要求；其二，对网络使用者的年龄有限定。这样的界定契合霍本对"网民"定义的第一层含义，但又有所区别。借鉴中国互联网络信息中心对网民的界定，在本研究中，我们将"网民"界定为"6 周岁及以上、半年内使用过互联网的人群"。

综合以上对青少年和网民的讨论，在本研究当中，我们将"青少年网民"界定为：年龄在 12 岁到 24 岁之间、半年内使用过互联网的人群。

（二）网络风险认知

类似于"青少年"，尽管人们对"风险"概念并不陌生，甚至可能还耳熟能详，但要对风险进行界定却并不容易。国内外学界对风险概念进行过诸多解释，但未形成统一的定义。有研究者通过对风险定义的梳理发现，有关风险的定义多达七种。分别是：风险是损失的可能性；风险是导致损失产生的不确定性；风险是损失的概率；风险是潜在损失；风险是潜在损失的变化范围与幅度；风险是财产灭失与人员伤亡；风险是实际与预期结果的离差②。从这些定义来看，有些侧重于发生的可能性，有些则侧重于发生的后果。实质上，风险包含发生的可能性和发生的后果两部分，只关注其中任何一个都不能全面理解风险的内涵。简单来说，风险指危害发生的可能性和后果的严重程度。

---

① 郭玉锦，王欢. 网络社会学 ［M］. 3 版. 北京：中国人民大学出版社，2017：16.
② 孙星. 风险管理 ［M］. 北京：经济管理出版社，2007：1-3.

风险认知是对客观风险的一种主观认识。由此，从广义上来说，网络风险认知就是对网络风险的一种主观认识。这里所说的网络风险，既可能是技术层面的，如技术设计的缺陷所带来的安全隐患；也可能是行为使用层面的，如随意向陌生人泄露自己的个人隐私；还可能是政治等其他层面的，如网络霸权所带来的国家安全风险。对网络风险认知的这一定义，从理论上说并没有什么问题，但从实践角度看，却并不十分贴切。因为对普通网民特别是青少年网民而言，他们对技术或者是政治层面的网络风险可能并不了解，他们对网络风险的认知更多的是和具体的网络行为相结合。而网络行为，参照前人划分方法，是以行为的目的为依据，我们可将其大致分为信息获取类、交流沟通类、网络娱乐类和商务交易类四大类。相应地，网络风险也至少包括如下四种：一是网络信息获取风险，指网民在信息浏览、信息搜索等信息获取过程中可能遭遇的风险，如不良信息、虚假信息、网络故障、资料丢失，甚至黑客攻击、隐私泄露等。二是网络沟通交流风险，指网民在通过微信、微博、QQ、论坛等媒介与他人沟通交流过程中可能遭遇的风险，如隐私泄露、恶意骚扰、网络诈骗甚至网络暴力等。三是网络娱乐风险，指网民在通过网络玩游戏、听音乐、看视频时可能遭遇的风险，如因流量使用过度导致费用超支、受到不良信息影响以及网络成瘾等。四是网络商务交易风险，指由于知识和阅历的原因，网民在进行网络商务交易过程中可能遭遇的风险，如网络诈骗和买到次品等。由此，网络风险认知应是网民对在进行网络信息获取、网络沟通交流、网络娱乐或网络商务交易等过程中可能遭遇风险的一种主观认识。

概括起来说，对网络风险认知的界定有两种：一种是广义上的，指对网络风险的一种主观认识。另一种则是狭义上的，指网民在进行网络信息获取、网络沟通交流、网络娱乐或网络商务交易等过程中，对该行为可能遭遇到负面结果的可能性及后果严重程度的一种主观认识。在本研究中，对网络风险认知的界定，我们采用后一种，即狭义上的说法。进一步地，由网络风险认知推演至青少年网络风险认知，我们可对青少年网络风险认知做出如下界定：指青少年在进行网络信息获取、网络沟通交流、网络娱乐或网络商务交易等过程中，对该行为可能遭遇到负面结果的可能性及后果严重程度的一种主观认识。

四、问卷设计与调查实施

（一）问卷设计

本研究所探讨的核心问题是：青少年网络风险认知的状况如何？影响青少年网络风险认知的因素有哪些？青少年网络风险认知会对他们的网络行为产生什么影响？我们又该如何促进以青少年为对象的网络风险治理？为寻找问题的答案，本研究主要采用了问卷调查的方法。

为确保本次调查所需的问卷质量，在问卷设计过程中，我们遵循如下步骤：首先是做好问卷设计的理论准备工作，包括收集大量的国内外相关文献，并对其进行必要的归纳、整理。其目的是：了解有关风险认知调查的基本做法；提炼出可能影响青少年网络风险认知的因素；了解风险认知与风险行为之间的关系；为相关概念的界定奠定理论基础。在此基础上，对青少年网民、网络风险认知等核心概念进行操作化定义。其次，采用当面访谈和书面问答相结合的方式，对符合要求的青少年进行调查，主要了解他们眼中的网络风险项目。我们累计当面访谈了 23 位青少年和书面征询了 111 位青少年的意见和看法。再次，根据研究目的和基于前期准备工作，我们编制出问卷初稿并进行预调查，并按照计划发放问卷总数的 10%，共发放 210 份问卷进行预调查。随后我们将问卷初稿送交 2 位社会调查方面的专家，请他们根据自己的经验和认识，指出问卷设计中的缺陷。最后，结合 2 位专家的主观评价及对所回收问卷的统计分析结果，我们找出问卷设计中存在的问题，逐一修改并形成定稿，最后送印刷厂统一印制。

编制好的问卷内容主要包括如下几部分：一是被调查者的基本情况，包括被调查者的性别、年龄、户籍所在地、身体健康程度、父母文化程度及职业、家庭经济状况、家庭社会地位、每日上网时长和网龄等。二是青少年网络风险认知状况。我们采用李克特量表五级测量的方式，从发生的可能性和后果的严重性两方面，调查青少年对隐私泄露、不良信息和垃圾信息等 13 个网络风险项目的认知情况。三是影响青少年网络风险认知的因素，包括网络知识、网络使用经验、网络信任、网络风险态度、网络活动类型、网络活动场所、媒介传播、家庭背景、同辈群体、家庭教育和学校教育等。四是青少年网络风险防范行为。我们主要测量青少年在网络信息浏览、网络沟通交流、网络娱乐和网络商务交易过程中，会采取何种形式的风险防范措施。

（二）调查实施

1. 调查对象

本研究对象为 12~24 岁的青少年网民。考虑到这一年龄段的青少年正处在求学阶段，具备一定的文化素养且便于调查，所以，本课题的调查对象也是 12~24 岁的青少年网民。具体来说，指年龄介于 12~24 岁，半年内使用过互联网，正在初高中或大学求学的青少年学生。

2. 抽样方法

采用的是多阶段抽样方法。首先，依据经济社会发展水平及互联网普及程度，将我国分为东、中、西三个部分。然后按照简单随机抽样的原则，分别抽取东部的山东、中部的河南以及西部的重庆三个省（或直辖市）。每个省（或直辖市）计划抽取 700 人，共计 2 100 人。接下来在抽中的省（或直辖市）按分层抽样方法抽取大学、高中和初中各两所。其中，大学按文理划分，抽取文科为主的大学和理科为主的大学各一所。高中按是否重点划分，抽取重点高中和普通高中各一所。考虑到初中有城市和农村之分，而城乡初中生在网络风险认知方面可能存在较大差异，故初中没有按照是否重点而是按照城乡划分，抽取城市初中和农村初中各一所。需说明的是，大学、初高中采用不同的分层标准，其目的旨在根据调查对象分布的实际情况，使得所抽取的样本尽可能地具有代表性。分层之后，再参照 2016—2018 年度教育部发布的各级学校在校生情况，及中国互联网络信息中心发布的最新统计报告，大学、高中和初中分别计划抽取 310 人、180 人和 210 人。最后，按照简单随机抽样原则，在抽中的两所大学中，大一到大四每个年级抽取 70 人。因大学本科正常毕业年龄为 22 岁，而本次调查的年龄上限是 24 岁，故从符合年龄的研究生中再抽取 30 人。高一到高三每个年级抽取 60 人，初一到初三每个年级抽取 70 人。

3. 资料收集与审核

采用自填问卷法中的集中填答法进行资料收集。具体来说就是，调查员先接受统一培训，然后按照事先设计好的抽样方案，分赴各调查点。调查员通过联系青少年所在班级的辅导员、班主任或是任课教师等方式，先将被调查者集中起来，再统一讲解调查的目的、意义及注意事项，最后集中填答，统一回收。实际的资料收集工作于 2019 年 5—7 月完成。共发放问卷 2 100 份，回收问卷 2 076 份，问卷回收率约为 98.9%。

待所有问卷回收后，统一进行审核。对问卷填答中漏答较多如整面空白，或是存在明显乱答现象的如表格选项中全选某一个选项的，一律视为废卷。经审核，最终剔除无效问卷 178 份，保留有效问卷 1 898 份，有效问卷回收率约为 90.4%。问卷发放及回收的具体情况见表 1.3。

表 1.3　问卷发放与回收情况　　　　单位：份

地区	年级	问卷发放数	问卷回收数	有效问卷回收数
山东	初中	210	210	206
	高中	180	180	160
	大学	310	294	279
河南	初中	210	210	178
	高中	180	180	156
	大学	310	310	276
重庆	初中	210	206	197
	高中	180	180	161
	大学	310	306	285
合计		2 100	2 076	1 898

4. 样本的构成

经对 1 898 份有效问卷的统计分析，所得样本的基本情况见表 1.4。

表 1.4　样本的构成（N = 1 898）

变量	水平	人数	百分比/%
性别	男	831	43.8
	女	1 067	56.2
年龄	12~15 岁	554	29.2
	16~18 岁	549	28.9
	19~24 岁	795	41.9
文化程度	初中	581	30.6
	高中	477	25.2
	大学	840	44.2
户籍所在地	城镇	963	50.7
	农村	935	49.3
身体健康状况	健康	1 698	89.5
	一般	177	9.3
	不健康	23	1.2

表1.4(续)

变量	水平	人数	百分比/%
父亲文化程度	初中及以下 高中或中专 大专及以上	876 567 454	46.2 29.9 23.9
母亲文化程度	初中及以下 高中或中专 大专及以上	1 017 526 355	53.6 27.7 18.7
父亲职业	务农者 非务农者 失业、待业者	334 1 491 55	17.8 79.3 2.9
母亲职业	务农者 非务农者 失业、待业者	353 1 326 219	18.6 69.9 11.5
家庭经济状况	平均水平以下 平均水平 平均水平以上	405 1 331 162	21.3 70.1 8.6
家庭社会地位	中层以上 中层 中层以下	214 1 115 569	11.3 58.7 30.0

注：（1）有的变量存在个别数据缺失，如父母文化程度等。统计百分比时未将缺失数据纳入其中。（2）统计时对原有选项进行了适当合并。如将父母职业中除"务农者"和"失业、待业者"之外的合并为"非务农者"。

5. 信度与效度分析

问卷中对青少年网络风险认知状况的测量，采用的是李克特量表形式。为检验该测量是否可靠及有效，接下来对它们进行信度和效度分析。

采用克朗巴哈系数（Cronbach's alpha）对各项目之间的内部一致性进行检验。检验结果见表1.5。

表1.5 青少年网络风险认知测量的信度检验

测量维度	项目数	克朗巴哈系数
可能性（青少年本人）	13	0.907
可能性（其他人）	13	0.934
后果的严重程度（青少年本人）	13	0.896
后果的严重程度（其他人）	13	0.917
网络风险认知	52	0.950

由表1.5可知，除"后果的严重程度（青少年本人）"外，其余三个测量维度的克朗巴哈系数均在0.9以上，说明测量的信度非常好。"后果的严重程度（青少年本人）"的克朗巴哈系数为0.896，非常接近0.9，处在0.8~0.9，说明测量的信度也很好。对所有项目的内部一致性进行检验，克朗巴哈系数为0.95，说明整个测量的信度非常好。

采用KMO和Bartlett球形度检验对测量的有效性进行检验，结果见表1.6。

表1.6　青少年网络风险认知测量的效度检验

测量维度	KMO测量取样适合性	Bartlett的球形检测近似卡方值	自由度	显著性
可能性（青少年本人）	0.910	12 897.654	78	0.000
可能性（其他人）	0.929	17 310.689	78	0.000
后果的严重程度（青少年本人）	0.888	12 053.743	78	0.000
后果的严重程度（其他人）	0.915	13 887.555	78	0.000
网络风险认知	0.937	68 039.660	1 326	0.000

由表1.6可知，除"后果的严重程度（青少年本人）"外，KMO值均在0.9以上。即便是"后果的严重程度（青少年本人）"这一项目，其KMO值也为0.888，介于0.8~0.9。这表明，各测量维度均具有良好的结构效度。对各维度汇总后的量表的有效性进行检验，结果发现，KMO值为0.937，说明该量表能有效测量青少年对网络风险的认知。

第二章　青少年视野中的网络风险项目

　　多数人都表现出自我服务偏见。在实验和日常生活中都可以发现，人们总是在失败的时候怨天尤人而在成功时安享荣誉。我们在一些主观性和盲目赞许性的特征和能力方面，往往认为自己比一般人要好；过分相信自己，使我们显现出对未来的盲目乐观。我们还容易高估自己观点和弱点的普遍性（虚假普遍性），同时低估自己能力和品德的普遍性（虚假独特性）。这些感知在一定程度上来自我们"维持和增强自尊"的动机，这一动机有利于我们抵制抑郁，但却会引起错误评价和群体冲突。

——［美］戴维·迈尔斯

　　1991年，美国杜克大学管理学教授 Gregory W. Fischer 等人在他们撰写的《人们关心哪些风险？》（*What Risks Are People Concerned About?*）一文中，将人们关心的风险归结为疾病、犯罪、战争、火灾等12个类别①。受 Fischer 等人的启发，2003年，北京大学的谢晓菲教授等人在同一杂志上发表了《中国人关心哪些风险？》（*What Risks Are Chinese People Concerned About?*）一文。在该文中，谢晓菲等人提炼出了中国人最关心的28个风险项目，分别是：核战争、国家动乱、战争、经济危机、人口过剩、社会道德败坏、安全性低、粮食短缺、环境污染、能源危机、犯罪、通货膨胀、地震、劣质产品、低收入、政治动乱、医疗服务差、疾病、洪水、电力、火灾事故、交通事故、吸毒、住房短缺、政治和经济改革、家庭破裂、核能和铁路运输。这些风险项目涵盖社会问题、日常生活活动、自然灾害和科学技术发展等②。尽管研究的关注点有所差异，但无论是 Fischer 还是谢晓菲等，在他们的研究中都提到了风险认知研究

---

　　① GREGORY W FISCHER, M GRANGER MORGAN, BARUCH FISCHHOFF, et al. What risks are people concerned about? [J]. Risk Analysis, 1991, 11 (2): 303-314.

　　② XIAOFEI XIE, MEI WANG, LIANCANG XU. What risks are chinese people concerned about? [J]. Risk Analysis, 2003, 23 (4): 685-695.

的一个重要方面，即人们关注的风险项目到底有哪些？风险项目的确定之所以重要，是因为只有确定了风险项目，才能进一步了解人们是如何看待这些风险项目的，才能开展风险认知研究的后续相关工作如风险认知水平的测量等。至于如何确定风险项目，做法不一。有的对风险项目的确定较为简单，主要依据经验或是简单的讨论；有的则会经过较为复杂的程序进行提炼。例如，在 Fischer 等人的研究中，研究者首先要求受访者列出他们当前最关注的风险。一旦受访者完成了这项任务，研究者会要求受访者从所列的风险中挑选出他们最关注的 5 个，并按照关注程度从高到低依次排序。最后，研究者将对从所有受访者那里收集来的风险项目进行归纳整理。

网络社会是一个充满风险的社会，里面蕴含着各种形式的风险。有行为方面的，也有结构性的；有经济方面的，也有政治方面的。但对青少年而言，由于正处在身心快速发展阶段，再加上经验、阅历等方面原因，他们所关注的网络风险一定不是所有的网络风险，而是深深地烙上了这个群体印记的网络风险。要对青少年网络风险认知进行研究，确定青少年所关注的网络风险项目，以及了解青少年是如何看待这些网络风险项目的，是这项研究首个必须攻克的难关。

借鉴 Fischer 等人的做法，在确定青少年视野中的网络风险项目时，我们主要采取如下做法：首先，我们拟定了一个开放式问题"就你个人而言，你认为与网络相关的风险有哪些？"。其次，抽取拟访谈的对象。考虑到我们的研究对象是 12~24 岁的青少年网民，本次研究的访谈对象也在这一群体中抽取。具体来说就是，采用方便抽样的方式，从初中、高中、大学和研究生中各抽取部分青少年作为访谈对象。这一环节总共抽取了 134 位青少年，全部在重庆完成。需指出的是，此处采用的虽是非概率抽样方法，但在抽取样本时，还是充分考虑了性别、年龄、城乡等因素，以尽可能增强所抽取样本的代表性。再次，对访谈对象进行访谈，要求他们回答我们事先拟定的问题。访谈的方式分当面访谈和书面访谈两种。无论是当面访谈还是书面访谈，青少年在回答我们拟定的问题时，都只需要将他们所想到的用他们自己的语言说出或是记录下来即可，而无须按照先后顺序抑或重要程度等某种规则来排序。最后，待所有访谈资料回收后，由研究者对这 134 位青少年的回答进行整理分析，初步归纳出青少年视野中的网络风险项目，再经课题组成员充分讨论，最终确定了 13 个网络风险项目，分别是：隐私泄露、不良信息、垃圾信息、网络诈骗、网络暴力、恶意骚扰、网络病毒、黑客攻击、资料丢失、网络故障、买到次品、费用超支和网络成瘾。

网络风险项目一旦确定，接下来要讨论的重点是，青少年对这些网络风险项目到底是如何认知的。由于风险包括发生的可能性和后果的严重程度两部分，在正式调查中，我们要求被调查者从网络风险发生的可能性和后果的严重程度两方面，依次对这13个网络风险项目进行评定。整个评定采用李克特量表五级评定方法。具体来说，网络风险按照发生的可能性大小分"非常可能""比较可能""一般""不大可能"和"很不可能"五个等级，分别记5分、4分、3分、2分和1分。得分越高，表明发生的可能性越大。网络风险发生后果的严重程度则分"非常严重""比较严重""一般""不大严重"和"很不严重"五个等级，也分别记5分、4分、3分、2分和1分。得分越高，表明发生的后果越严重。

一、网络风险项目发生的可能性

每个网络风险项目发生的可能性得分按如下方法计算：将所有被调查者在该项目上的得分相加，然后除以被调查者总数，即为该项目的得分。以隐私泄露为例，将所有被调查者在隐私泄露上的得分相加，然后除以回答该项目的总人数，即为隐私泄露的得分。每个网络风险项目的得分均在1~5分。

（一）网络风险项目发生在青少年本人身上的可能性

在青少年看来，隐私泄露和不良信息等13个网络风险项目发生在其本人身上的可能性究竟有多大？结果显示见表2.1。

表2.1　网络风险项目发生在青少年本人身上的可能性得分情况

网络风险项目	全国		山东		河南		重庆	
	平均分	标准差	平均分	标准差	平均分	标准差	平均分	标准差
隐私泄露	3.51	1.27	3.16	1.29	3.70	1.18	3.67	1.26
不良信息	3.62	1.28	3.25	1.34	3.86	1.17	3.77	1.23
垃圾信息	3.96	1.22	3.56	1.33	4.19	1.07	4.13	1.13
网络诈骗	2.88	1.23	2.78	1.24	3.06	1.21	2.81	1.21
网络暴力	2.58	1.20	2.53	1.21	2.66	1.20	2.57	1.19
恶意骚扰	2.81	1.18	2.74	1.21	2.86	1.18	2.84	1.16

网络风险项目	全国		山东		河南		重庆	
	平均分	标准差	平均分	标准差	平均分	标准差	平均分	标准差
网络病毒	3.10	1.17	3.04	1.17	3.15	1.17	3.12	1.18
黑客攻击	2.28	1.15	2.40	1.24	2.26	1.13	2.18	1.05
资料丢失	2.88	1.17	2.83	1.18	2.94	1.16	2.87	1.17
网络故障	3.50	1.15	3.31	1.20	3.60	1.09	3.58	1.14
买到次品	3.58	1.17	3.48	1.25	3.67	1.11	3.60	1.14
费用超支	2.92	1.32	2.76	1.31	2.99	1.30	3.01	1.34
网络成瘾	2.74	1.29	2.47	1.21	2.93	1.38	2.84	1.25

从全国情况来看，青少年认为他们最可能遭遇的网络风险，前三位依次是垃圾信息（3.96）、不良信息（3.62）和买到次品（3.58）。可能性最低的三位则分别是黑客攻击（2.28）、网络暴力（2.58）和网络成瘾（2.74）。从得分情况来看，13个网络风险项目的得分均介于2.28到3.96之间，其中7个处于不大可能到一般之间，6个处于一般到比较可能之间。

从总体态势来看，山东、河南及重庆的情况和全国情况非常相似。例如，按照得分从高到低排序，垃圾信息均位列首位，黑客攻击均处在末尾；网络风险项目的位次变动均发生在相邻项目之间，未出现位次之间的大幅跳动；相对而言，重庆的情况和全国的调查结果最为接近，总共只有5个网络风险项目的位次发生了细微变动，而河南和山东则分别是7个和8个。

（二）网络风险项目发生在其他人身上的可能性

13个网络风险项目如果不是发生在青少年本人身上，而是发生在其他人身上，其可能性又有多大？结果显示见表2.2。

表2.2　网络风险项目发生在其他人身上的可能性得分情况

网络风险项目	全国		山东		河南		重庆	
	平均分	标准差	平均分	标准差	平均分	标准差	平均分	标准差
隐私泄露	3.88	1.08	3.56	1.16	4.06	0.98	4.03	1.00
不良信息	3.90	1.08	3.57	1.18	4.10	0.95	4.04	1.01
垃圾信息	3.99	1.08	3.64	1.20	4.20	0.92	4.14	0.99

表2.2(续)

网络风险项目	全国		山东		河南		重庆	
	平均分	标准差	平均分	标准差	平均分	标准差	平均分	标准差
网络诈骗	3.63	1.11	3.40	1.16	3.74	1.07	3.75	1.05
网络暴力	3.28	1.17	3.12	1.18	3.36	1.16	3.35	1.14
恶意骚扰	3.42	1.13	3.33	1.17	3.50	1.12	3.44	1.11
网络病毒	3.45	1.14	3.36	1.14	3.49	1.16	3.50	1.11
黑客攻击	2.87	1.20	2.93	1.21	2.84	1.21	2.82	1.17
资料丢失	3.43	1.10	3.37	1.14	3.49	1.09	3.45	1.08
网络故障	3.64	1.08	3.45	1.13	3.77	1.04	3.72	1.04
买到次品	3.80	1.05	3.64	1.16	3.90	0.97	3.87	1.00
费用超支	3.53	1.13	3.34	1.16	3.64	1.10	3.61	1.10
网络成瘾	3.63	1.16	3.41	1.17	3.77	1.15	3.71	1.11

由表2.2可知，从全国情况来看，在青少年眼中，其他人最可能遭遇的网络风险，排在前三位的依次是垃圾信息（3.99）、不良信息（3.90）和隐私泄露（3.88）。可能性相对较小的后三位则依次是黑客攻击（2.87）、网络暴力（3.28）和恶意骚扰（3.42）。网络风险项目的得分介于2.87到3.99之间。除黑客攻击处于不大可能到一般之间外，其余12个网络风险项目发生的可能性介于一般到比较可能之间。

山东、河南和重庆的情况也和全国的情况大体相似。从高分到低分排序，垃圾信息均位列首位，而网络暴力和黑客攻击则都位列后两位。其中，与全国的情况相比，差异最小的是重庆，仅有3个网络风险项目的位次发生了细微变动。而河南和山东的则分别是5个和6个。

（三）网络风险项目发生在所有人身上的可能性

这里不区分青少年本人和其他人，而是从整体上探讨，在青少年看来，网络风险项目发生的可能性到底有多大。先计算对每一位被调查者而言，网络风险项目发生在所有人身上的可能性得分。计分方法如下：将每个网络风险项目发生在其本人身上的得分和发生在其他人身上的可能性得分相加，求其平均分，所得分数即为发生在所有人身上的可能性得分。完成这一步之后，再将所有被调查者在每个网络风险项目上的得分相加，求其平均分，所得分数即为该网络风险项目的得分（见表 2.3）。

表 2.3　网络风险项目发生在所有人身上的可能性得分情况

网络风险项目	全国		山东		河南		重庆	
	平均分	标准差	平均分	标准差	平均分	标准差	平均分	标准差
隐私泄露	3.69	1.07	3.36	1.12	3.88	0.98	3.85	1.03
不良信息	3.76	1.08	3.41	1.16	3.98	0.96	3.91	1.02
垃圾信息	3.97	1.06	3.60	1.18	4.20	0.90	4.14	0.96
网络诈骗	3.26	1.02	3.09	1.06	3.40	1.01	3.28	0.96
网络暴力	2.93	1.04	2.83	1.06	3.01	1.05	2.96	0.99
恶意骚扰	3.12	1.02	3.04	1.06	3.18	1.01	3.14	0.98
网络病毒	3.28	1.02	3.20	1.02	3.32	1.03	3.31	1.02
黑客攻击	2.57	1.04	2.66	1.10	2.55	1.04	2.50	0.97
资料丢失	3.16	1.00	3.10	1.01	3.22	1.00	3.16	0.99
网络故障	3.57	1.00	3.38	1.04	3.68	0.95	3.65	0.96
买到次品	3.69	0.99	3.56	1.09	3.79	0.92	3.74	0.95
费用超支	3.22	1.06	3.05	1.07	3.32	1.04	3.31	1.04
网络成瘾	3.19	1.04	2.94	0.99	3.35	1.10	3.28	0.99

由表 2.3 可知，从全国情况来看，青少年认为所有人最有可能遭遇的网络风险项目，位居前三位的依次是垃圾信息（3.97）、不良信息（3.76）和隐私泄露（3.69），位列后三位的则依次是黑客攻击（2.57）、网络暴力（2.93）和恶意骚扰（3.12）。从网络风险项目的位次来看，山东、河南和重庆的情况和全国情况基本保持一致。以全国数据为基准，山东、河南和重庆的数据在位次排列上虽有变化，但总体趋势基本一致。其中，河南和重庆的变化最小，只有 3 个项目间的位次发生了微小变化。而山东的变化则略微要大一些，达到 8 个之多。

为了比较网络风险项目发生在青少年本人、其他人和所有人身上的可能性之间的差异，本研究以发生在所有人身上的可能性为参照，将全国范围内的相关数据汇总如表 2.4 所示。

表 2.4　网络风险项目发生的可能性比较

网络风险项目	所有人		青少年本人		其他人	
	得分	排序	得分	排序	得分	排序
垃圾信息	3.97	1	3.96	1	3.99	1
不良信息	3.76	2	3.62	2	3.90	2
隐私泄露	3.69	3	3.51	4	3.88	3
买到次品	3.69	3	3.58	3	3.80	4
网络故障	3.57	5	3.50	5	3.64	5
网络病毒	3.28	6	3.10	6	3.45	9
网络诈骗	3.26	7	2.88	8	3.63	6
费用超支	3.22	8	2.92	7	3.53	8
网络成瘾	3.19	9	2.74	11	3.63	6
资料丢失	3.16	10	2.88	8	3.43	10
恶意骚扰	3.12	11	2.81	10	3.42	11
网络暴力	2.93	12	2.58	12	3.28	12
黑客攻击	2.57	13	2.28	13	2.87	13

　　仔细观察该表，可以发现一个很有趣的现象，即若我们以网络风险项目发生在所有人身上的可能性作为基线，在所有的 13 个网络风险项目上，一方面，青少年认为它们发生在自己身上的可能性均有所下降。其中，下降幅度最大的是网络成瘾，达 0.45；最小的是垃圾信息，只有 0.01。另一方面，在青少年看来，这 13 个网络风险项目发生在其他人身上的可能性却均比基线有了提高。其中，上升幅度最大的也是网络成瘾，达 0.44；最小的也是垃圾信息，只有 0.02。这表明，在青少年看来，无论是谁，在上网过程中，遭遇垃圾信息的概率都是差不多的。相反，他们认为，自己网络成瘾的可能性比较低，其他人的可能性却要高得多。

　　从表 2.4 我们还可以看出，在网络风险项目得分的位次上，相对于"所有人"这一列，"其他人"这列的变化最小，只有 4 个位次的变动。而"青少年本人"这列的变动则达 6 个。这也表明，在评估其他人遭遇网络风险的可能性时，青少年的评价较为客观。相反，在评估自己时，却无法秉持中立的立场，致使其对网络风险的认知存在较大偏差。

二、网络风险项目发生后果的严重程度

网络风险认知不仅包括对网络风险发生可能性的认知，还包括对发生后果严重程度的认知。每个网络风险项目发生的后果严重程度的计分和发生可能性的计分相似，即将所有被调查者在某个项目上的后果严重程度得分相加，然后除以被调查者总数，即为该项目的得分。还是以隐私泄露为例，将所有被调查者在隐私泄露上的后果严重程度得分相加，然后除以回答该项目的总人数，即为隐私泄露的得分。每个网络风险项目的得分也都在1~5分。

（一）网络风险项目发生在青少年本人身上的后果严重程度

在青少年看来，假如我们所列的13个网络风险项目发生在他们身上，其后果将有多严重？结果显示如表2.5所示。

表2.5 网络风险项目发生在青少年本人身上的后果严重程度得分情况

网络风险项目	全国		山东		河南		重庆	
	平均分	标准差	平均分	标准差	平均分	标准差	平均分	标准差
隐私泄露	4.08	0.94	4.06	1.01	4.11	0.90	4.07	0.92
不良信息	3.43	1.01	3.38	1.06	3.48	0.96	3.42	0.99
垃圾信息	3.11	1.01	3.19	1.10	3.13	0.96	3.02	0.97
网络诈骗	4.08	1.06	4.04	1.09	4.15	1.01	4.06	1.08
网络暴力	4.12	1.06	4.07	1.10	4.14	1.06	4.15	1.01
恶意骚扰	3.91	1.06	3.88	1.11	3.93	1.05	3.92	1.03
网络病毒	3.94	1.01	3.97	1.01	3.88	1.02	3.97	0.99
黑客攻击	3.97	1.10	4.02	1.06	3.89	1.16	4.01	1.07
资料丢失	4.07	0.99	4.05	1.01	4.05	0.98	4.11	0.97
网络故障	3.51	1.03	3.50	1.04	3.53	1.03	3.48	1.01
买到次品	3.45	1.03	3.32	1.12	3.53	0.96	3.50	0.99
费用超支	3.66	1.05	3.66	1.07	3.61	1.06	3.71	1.01
网络成瘾	4.16	1.04	4.09	1.06	4.27	1.01	4.13	1.03

由表2.5可以看出，从全国情况来看，所有网络风险项目的得分均在3~5分。其中，3~4分的有8个，处在一般到比较严重之间；4~5分的有5个，处在比较严重到非常严重之间。在青少年看来，后果最严重的前三项分别是网络成瘾（4.16）、网络暴力（4.12）和网络诈骗（4.08）；位居后三位的则分别是垃圾信息（3.11）、不良信息（3.43）和买到次品（3.45）。把这个结果和表2.1中的全国数据对比一下即可发现，尽管青少年认为，他们遭遇垃圾信息、不良信息和买到次品的可能性最大，但这些风险可能给他们带来的影响却最小。相反，网络成瘾和网络暴力发生的可能性虽然比较小，但在青少年看来，一旦发生，其后果却是最严重的。

表2.5还显示，山东、河南和重庆的情况和全国大体相似。按高分到低分排序，虽有网络风险项目位次间的变动，如山东的是4个，河南的是7个，重庆的是5个，但位次的变动主要发生在相邻项目之间。考虑到发生位次变动的几个网络风险项目的得分非常接近，这样的变动不影响数据的整体态势。

（二）网络风险项目发生在其他人身上的后果严重程度

13个网络风险项目如果不是发生在青少年本人身上，而是发生在其他人身上，其后果严重程度是否有变化？调查结果如表2.6所示。

表2.6　网络风险项目发生在其他人身上的后果严重程度得分情况

网络风险项目	全国		山东		河南		重庆	
	平均分	标准差	平均分	标准差	平均分	标准差	平均分	标准差
隐私泄露	4.29	0.87	4.16	0.99	4.37	0.78	4.36	0.81
不良信息	3.80	1.00	3.68	1.07	3.87	0.94	3.84	0.96
垃圾信息	3.59	1.05	3.56	1.10	3.65	0.99	3.57	1.04
网络诈骗	4.29	0.89	4.17	0.95	4.34	0.85	4.37	0.85
网络暴力	4.27	0.94	4.17	0.99	4.31	0.93	4.33	0.90
恶意骚扰	4.11	0.95	4.08	0.96	4.11	0.96	4.14	0.94
网络病毒	4.07	0.97	4.06	0.97	4.06	0.99	4.08	0.95
黑客攻击	4.13	0.98	4.11	0.97	4.15	1.02	4.15	0.94
资料丢失	4.17	0.90	4.12	0.88	4.22	0.92	4.16	0.88
网络故障	3.69	1.01	3.65	1.03	3.74	1.01	3.68	0.99
买到次品	3.63	1.02	3.48	1.13	3.72	0.95	3.70	0.94

表2.6(续)

网络风险项目	全国		山东		河南		重庆	
	平均分	标准差	平均分	标准差	平均分	标准差	平均分	标准差
费用超支	3.81	0.99	3.74	1.01	3.84	0.98	3.84	0.97
网络成瘾	4.20	0.95	4.08	1.02	4.34	0.87	4.18	0.95

由表2.6可知，从全国数据来看，网络风险项目的得分均在3~5分。3~4分的有5个，4~5分的有8个。而在表2.5中，这一数字分别是8个和5个。这表明，相对于本人而言，青少年认为网络风险项目发生在其他人身上可产生更严重的后果。按照后果的严重程度，位列前三的分别是隐私泄露（4.29）、网络诈骗（4.29）和网络暴力（4.27）；位居后三位的则分别是垃圾信息（3.59）、买到次品（3.63）和网络故障（3.69）。把该表和表2.2中的数据对照，可以发现，青少年认为其他人遭遇垃圾信息、不良信息、买到次品和网络故障的可能性较高，但这些风险可能产生的危害却相对不大。例外的是，青少年认为其他人遭遇隐私泄露的可能性较大，且隐私一旦泄露，可能产生比较严重的后果。

由表2.6还可知，分区域来看，重庆的情况和全国最为相似，只有不良信息、网络故障和买到次品这3个网络风险项目位次之间的变动。其次是河南，有5个。变动最多的是山东，有8个，主要是隐私泄露和网络成瘾这两个网络风险项目的位次各自下调了2位。同时，在山东，严重程度最高的是网络诈骗和网络暴力（并列第一），而不是隐私泄露；最低的则是买到次品，而不是垃圾信息。这和河南、重庆乃至全国的情况都有所差异。

（三）网络风险项目发生在所有人身上的后果严重程度

分别考察了青少年本人和其他人之后，现在来看看这13个网络风险项目对所有人而言，后果的严重程度有多大。先计算对每一位被调查者而言，网络风险项目发生在所有人身上的后果严重程度得分。计分方法如下：将每个网络风险项目发生在其本人身上的后果严重程度得分和发生在其他人身上的后果严重程度得分相加，求其平均分，所得分数即为发生在所有人身上的后果严重程度得分。完成这一步之后，再将所有被调查者在每个网络风险项目上的后果严重程度得分相加，求其平均分，所得分数即为该网络风险项目的后果严重程度得分。所得结果如表2.7所示：

表 2.7　网络风险项目发生在所有人身上的后果严重程度得分情况

网络风险项目	全国		山东		河南		重庆	
	平均分	标准差	平均分	标准差	平均分	标准差	平均分	标准差
隐私泄露	4.19	0.81	4.11	0.92	4.24	0.74	4.21	0.76
不良信息	3.61	0.88	3.53	0.95	3.68	0.83	3.63	0.85
垃圾信息	3.35	0.90	3.37	0.97	3.39	0.85	3.30	0.86
网络诈骗	4.19	0.85	4.10	0.90	4.25	0.82	4.22	0.82
网络暴力	4.19	0.89	4.12	0.94	4.23	0.90	4.24	0.84
恶意骚扰	4.01	0.89	3.98	0.92	4.02	0.89	4.03	0.86
网络病毒	4.00	0.86	4.02	0.85	3.97	0.89	4.03	0.84
黑客攻击	4.05	0.92	4.06	0.90	4.02	0.97	4.08	0.90
资料丢失	4.12	0.82	4.09	0.81	4.14	0.84	4.13	0.80
网络故障	3.60	0.88	3.58	0.89	3.63	0.90	3.58	0.86
买到次品	3.54	0.90	3.40	1.01	3.62	0.83	3.60	0.84
费用超支	3.74	0.89	3.70	0.91	3.73	0.89	3.78	0.86
网络成瘾	4.18	0.86	4.09	0.90	4.30	0.82	4.16	0.85

由表 2.7 可知，从全国情况来看，有 8 个网络风险项目的得分在 4 分以上，5 个在 3~4 分。把该表和表 2.3 相对照，也可看出，垃圾信息、不良信息和买到次品等虽然发生的可能性高，但产生的后果却相对最不严重。有例外的还是隐私泄露，其发生的可能性较高，且一旦发生，产生的后果也比较严重。这表明青少年对隐私泄露的认知与对其他网络风险项目的认知有较大区别。而网络暴力发生的可能性虽然较低，但一旦发生，却可产生最严重的后果。

表 2.7 还显示，在网络风险项目的位次上，与全国相比，河南与重庆均有 5 个位次发生变动。山东的位次变化要更大些，达到 8 个之多。不过，虽然变动的项目较多，但这些变动主要发生在相邻的两个项目之间。从总体情况来看，无论是重庆、河南还是山东，和全国的情况大体相似。

下面将表 2.5 至表 2.7 中的全国数据单独拿出来进行对照，看看假若网络风险项目发生在青少年本人、其他人和所有人身上，它们所带来的后果严重程度是否存在差异，是否会出现发生类似情形的可能性（见表 2.8）。

表 2.8　网络风险项目发生的后果严重程度比较

网络风险项目	所有人		青少年本人		其他人	
	得分	排序	得分	排序	得分	排序
网络暴力	4.19	1	4.12	2	4.27	3
网络诈骗	4.19	1	4.08	3	4.29	1
隐私泄露	4.19	1	4.08	3	4.29	1
网络成瘾	4.18	4	4.16	1	4.20	4
资料丢失	4.12	5	4.07	5	4.17	5
黑客攻击	4.05	6	3.97	6	4.13	6
恶意骚扰	4.01	7	3.91	8	4.11	7
网络病毒	4.00	8	3.94	7	4.07	8
费用超支	3.73	9	3.66	9	3.81	9
不良信息	3.61	10	3.43	12	3.80	10
网络故障	3.60	11	3.51	10	3.69	11
买到次品	3.54	12	3.45	11	3.63	12
垃圾信息	3.35	13	3.11	13	3.59	13

由表 2.8 可知，以"所有人"这一列数据为基准，可以发现，"青少年本人"这列中，每个网络风险项目的得分均有下降。而"其他人"这列却均有上升。由于得分越高，意味着后果越严重，因此，表 2.8 表明，即便这 13 个网络风险项目发生在青少年身上，但在他们看来，他们本人可能遭遇损失的严重程度也要低于一般水平。相反，其他人却可能遭遇更大的损失。这一结果和在对发生可能性的比较中所得到的结论相似。

此外，从网络风险项目的位次上来看，以"所有人"这列为基准，"其他人"这列的情况和"所有人"这列最为相似，只有网络暴力的位次发生了变化。而"青少年本人"这列发生位次变动的网络风险项目多达 9 个。虽然这些变动也只是发生在相邻网络风险项目之间，但相对于"其他人"而言，变动依旧较多。这意味着，青少年对其他人可能遭遇损失严重程度的评估更为客观，而对自身的评价则有较大出入。这一结果也和在发生可能性的比较中得到的结论一致。

在发生的可能性和发生后果的严重程度两方面对青少年视野中的网络风险项目进行考察之后，我们将这两方面的考察结果进行比较，看看青少年视野中的网络风险项目在这两方面的表现有何差异。为便于比较，我们以基于全国数据的排序结果为比较对象，并以"所有人"这列的数据为基准，将相关数据汇总如表2.9所示：

表2.9　网络风险项目发生的可能性与发生后果严重程度的比较

网络风险项目	所有人		青少年本人		其他人	
	可能性	后果严重程度	可能性	后果严重程度	可能性	后果严重程度
垃圾信息	1	13	1	13	1	13
不良信息	2	10	2	12	2	10
隐私泄露	3	1	4	3	3	1
买到次品	3	12	3	11	4	12
网络故障	5	11	5	10	5	11
网络病毒	6	8	6	7	9	8
网络诈骗	7	1	8	3	6	1
费用超支	8	9	7	9	8	9
网络成瘾	9	4	11	1	6	4
资料丢失	10	5	9	5	10	5
恶意骚扰	11	7	10	8	11	7
网络暴力	12	1	12	2	12	3
黑客攻击	13	6	13	6	13	6

从表2.9中，我们发现了一个有趣的现象，即在排序上，大多数网络风险项目在发生的可能性和发生后果的严重程度两方面的差别都较大。以"所有人"这列数据为例。在发生的可能性方面，垃圾信息、不良信息和买到次品位列前三，即青少年认为这三个网络风险项目发生的可能性最大；而在发生后果的严重程度方面，这三个项目则分别位列第13位、第10位和第12位，表明青少年认为这三个网络风险项目发生后果相对最不严重。同理，恶意骚扰、网络暴力和黑客攻击位居发生可能性的后三位；而在发生后果的严重程度方面，它们则分别位居第7位、第1位和第6位。特别是网络暴力，位居第1，被青少年认为可能产生最严重的后果。相对位次变化不大的是隐私泄露、网络病毒和费用超支。这三个网络风险项目在发生的可能性方面，分别位列第3位、第6位和第8位，而它们在发生后果的严重程度方面，则分别位列第1

位、第 8 位和第 9 位。两者相差不大。"所有人"这列的数据情况在"青少年本人"和"其他人"这两列也同样存在。

对发生的可能性和后果的严重程度这两列数据进行相关分析，所得结果如表 2.10 所示：

表 2.10　网络风险项目发生的可能性与发生后果严重程度的相关分析

	所有人	青少年本人	其他人
相关系数（r）	-0.559*	-0.731**	-0.417

注：* p<0.05，** p<0.01

表 2.10 显示，在"所有人"和"青少年本人"这两列，网络风险项目发生的可能性和后果的严重程度均呈负相关关系，且分别在 0.05 和 0.01 的水平上具有显著意义。特别是在"青少年本人"这一列，相关系数达到 -0.731，属于强负相关。这表明，青少年认为，发生在其本人身上的网络风险项目，可能性较大的，后果却很不严重。相反，可能性较小的，却可能产生严重后果。在"其他人"这列，虽然相关系数为 -0.417，但统计检验结果表明，这种相关不具有显著意义。这意味着对其他人而言，发生的可能性和发生后果的严重程度之间所表现出的负相关可能是由于抽样或是其他原因导致的，而不是两者之间的真正差异所致。

三、网络风险项目发生的综合性考察

前面分别从发生的可能性及后果的严重程度两方面对青少年视野中的网络风险项目进行了探讨。由于风险包括发生的可能性和后果的严重程度两方面，下面我们将综合这两方面信息，对青少年视野中的网络风险项目进行综合性考察。从已有文献资料来看，关于风险认知的测量方法虽然有多种，但一种常用的方法是：用发生的可能性乘以后果的严重性①。在本研究当中，我们将借鉴这一做法。具体来说就是：将每个网络风险项目在发生可能性上的得分乘以在发生后果严重程度上的得分，所得分数即为该网络风险项目的得分。需指出的是，国内有学者在计算风险认知的得分时，采用的是将发生可能性的得分和发生后果严重程度的得分相加求其平均数的做法。如在之前一项关于大气污染风

---

① 余建华，孙丽. 国外风险认知研究：回顾与前瞻 [J]. 灾害学，2020（1）：161-166.

险认知状况的调查报告中，研究者通过取可能性和危害性得分的平均数来对风险项目进行排序①。但在对风险认知相关文献，特别是国外这一领域的权威文献进行考察后发现，虽然有这种做法，但并不多见。故我们这里仍然采用主流方法，即将发生可能性得分乘以发生后果严重程度得分所得结果，作为该网络风险项目的得分。

（一）网络风险项目发生在青少年本人身上

以隐私泄露为例，说明网络风险项目的计分方法。先计算某一位被调查者在隐私泄露上的得分。具体来说就是，将发生在该被调查者本人身上的可能性得分乘以发生在其本人身上的后果严重程度得分，所得分数即为该被调查者眼中的隐私泄露得分。将所有被调查者在隐私泄露上的得分相加，求其平均分，所得分数即为隐私泄露的最终得分。其他网络风险项目的计分与隐私泄露的计分相同。计分结果如表 2.11 所示：

表 2.11　发生在青少年本人身上的网络风险项目得分情况

网络风险项目	全国		山东		河南		重庆	
	平均分	标准差	平均分	标准差	平均分	标准差	平均分	标准差
隐私泄露	14.49	6.55	13.07	6.75	15.41	6.25	15.03	6.38
不良信息	12.50	6.01	11.18	6.38	13.46	5.60	12.92	5.76
垃圾信息	12.41	5.84	11.56	6.49	13.18	5.42	12.53	5.43
网络诈骗	11.92	6.24	11.41	6.37	12.87	6.17	11.54	6.08
网络暴力	10.73	5.90	10.43	6.11	11.08	5.86	10.71	5.72
恶意骚扰	11.14	5.87	10.79	6.09	11.38	5.81	11.27	5.69
网络病毒	12.38	5.99	12.14	6.00	12.39	5.95	12.60	6.03
黑客攻击	9.09	5.37	9.61	5.72	8.94	5.50	8.72	4.83
资料丢失	11.90	6.01	11.50	5.89	12.19	6.04	12.03	6.10
网络故障	12.49	6.02	11.72	6.08	13.00	5.87	12.77	6.03
买到次品	12.66	6.10	11.87	6.47	13.19	5.80	12.93	5.93
费用超支	10.90	6.34	10.21	6.22	11.14	6.40	11.37	6.34
网络成瘾	11.51	6.44	10.13	5.93	12.67	6.97	11.79	6.17

---

① 田静，吴建平. 北京市公众对大气污染的风险认知状况调查报告 [A]. 王俊秀，杨宜音. 社会心态蓝皮书：中国社会心态研究报告（2012—2013）[C]. 北京：社会科学文献出版社，2013：128.

由表 2.11 可知，无论是全国还是地方数据，得分最高的都是隐私泄露，得分最低的则是黑客攻击。这表明青少年对隐私泄露最为关注。青少年认为遭遇黑客攻击的风险最小，这可能与他们对黑客攻击缺乏切身感受有关，如没有遭遇过黑客攻击或是即便遭遇过但没有发现等。在地方数据中，除黑客攻击外，河南的其余 12 个网络风险项目得分均是山东、河南和重庆三个省市当中最高的，这表明河南的青少年感受到的网络风险最高。除黑客攻击外，山东的其余 12 个网络风险项目得分均要低于河南与重庆。这表明，相对于河南与重庆而言，山东青少年感受到的网络风险最低。

从全国情况来看，青少年认为其本人遭受到的网络风险，位居前三的依次是隐私泄露（14.49）、买到次品（12.66）和不良信息（12.50），位居后三位的则依次是黑客攻击（9.09）、网络暴力（10.73）和费用超支（10.90）。与全国相比，从位次的变动上来看，山东、河南和重庆的分别是 7 个、8 个和 7 个，非常接近。再从变动的幅度上看，重庆的最小，主要是相邻两个或三个位次之间的细微变动。山东的变动幅度相对较大，不良信息由原来的第 3 位退至第 8 位，网络病毒则由原来的第 6 位上升到第 2 位。

（二）网络风险项目发生在其他人身上

发生在其他人身上的网络风险项目计分方法与发生在青少年本人身上的网络风险项目计分方法相同，只是将发生在青少年本人身上的可能性得分和后果严重程度得分，分别替换为发生在其他人身上的可能性得分和后果严重程度得分。计分结果如表 2.12 所示：

表 2.12　发生在其他人身上的网络风险项目得分情况

网络风险项目	全国		山东		河南		重庆	
	平均分	标准差	平均分	标准差	平均分	标准差	平均分	标准差
隐私泄露	16.96	6.26	15.22	6.85	17.99	5.63	17.73	5.82
不良信息	15.08	6.20	13.48	6.52	16.14	5.74	15.69	5.96
垃圾信息	14.55	6.17	13.27	6.56	15.48	5.64	14.94	5.93
网络诈骗	15.82	6.23	14.47	6.51	16.44	5.96	16.57	6.00
网络暴力	14.24	6.32	13.28	6.47	14.74	6.13	14.73	6.26
恶意骚扰	14.28	6.20	13.80	6.42	14.55	6.01	14.49	6.13
网络病毒	14.21	6.17	13.82	6.14	14.38	6.20	14.45	6.15

表2.12(续)

网络风险项目	全国		山东		河南		重庆	
	平均分	标准差	平均分	标准差	平均分	标准差	平均分	标准差
黑客攻击	11.98	6.10	12.09	6.15	12.00	6.18	11.84	5.99
资料丢失	14.53	6.02	14.07	6.08	15.03	6.08	14.52	5.88
网络故障	13.70	6.13	12.88	6.34	14.35	5.98	13.89	5.97
买到次品	14.06	6.10	12.98	6.60	14.75	5.72	14.50	5.78
费用超支	13.72	6.24	12.80	6.28	14.31	6.27	14.09	6.06
网络成瘾	15.55	6.57	14.25	6.69	16.65	6.42	15.80	6.38

由表2.12可知，无论是全国数据还是地方数据，得分最高和得分最低的都分别是隐私泄露和黑客攻击。这一点和表2.11中的情况相同。这表明，无论是对青少年本人还是对其他人，在青少年看来，隐私泄露的风险最大，黑客攻击的风险最小。同样，除黑客攻击外，山东的各个网络风险项目得分都是山东、河南和重庆三个省市中最低的。而河南和重庆相比较，除网络诈骗和网络病毒外，河南的其余12个网络风险项目的得分也都要高于重庆。所以，总体而言，河南青少年感受到的网络风险最高，山东的最低。这和表2.11中所得结果基本一致。另外，把表2.12和表2.11中的数据相比较，结果发现，无论是在全国范围内还是在山东、河南和重庆三个省市，表2.12中的每一项数据均要高于表2.11中的相应数据。由于得分越高，意味着感受到的风险越高，所以，可以得出的结论是，在青少年看来，其他人遭遇到的网络风险要高于其本人。

除河南略有不同外，位列前三的都依次是隐私泄露、网络诈骗和网络成瘾。若把该表和表2.11相对照，又可发现，在表2.11中，网络诈骗和网络成瘾无一进入前三。其中，网络成瘾的位次更是靠后。这表明，相对于本人而言，青少年认为其他人遭遇网络诈骗和网络成瘾的风险更大。鉴于网络诈骗和网络成瘾对青少年的危害性，而青少年主观上却认为自己遭遇网络诈骗和网络成瘾的风险要低于其他人，这提醒我们，在今后有关网络诈骗和网络成瘾的教育中，要对此特别加以注意。此外，表2.12中位列后三位的网络风险项目，除黑客攻击外，均含有费用超支和网络故障。而表2.11中，除费用超支外，网络故障均不在其中。这说明，无论是对青少年本人还是其他人，青少年均认为费用超支的风险较小，且相对于其他人而言，青少年认为他们自己不大可能遭遇网络故障。

（三）网络风险项目发生在所有人身上

这里的计分方法也与计算发生在青少年本人身上的计分方法相同，只是将发生在青少年本人身上的可能性得分和后果严重程度得分，分别替换为发生在所有人身上的可能性得分和后果严重程度得分。最终计分结果如表 2.13 所示：

表 2.13　发生在所有人身上的网络风险项目得分情况

网络风险项目	全国		山东		河南		重庆	
	平均分	标准差	平均分	标准差	平均分	标准差	平均分	标准差
隐私泄露	15.68	5.86	14.12	6.30	16.64	5.35	16.34	5.54
不良信息	13.75	5.48	12.28	5.84	14.76	5.02	14.26	5.21
垃圾信息	13.46	5.36	12.40	5.94	14.30	4.91	13.72	4.98
网络诈骗	13.80	5.49	12.89	5.75	14.60	5.36	13.97	5.21
网络暴力	12.42	5.37	11.79	5.55	12.85	5.37	12.64	5.11
恶意骚扰	12.65	5.32	12.24	5.55	12.91	5.21	12.82	5.16
网络病毒	13.26	5.37	12.95	5.33	13.35	5.39	13.48	5.40
黑客攻击	10.48	5.04	10.81	5.22	10.39	5.20	10.23	4.68
资料丢失	13.17	5.33	12.76	5.25	13.55	5.43	13.22	5.29
网络故障	13.06	5.40	12.28	5.53	13.65	5.31	13.28	5.27
买到次品	13.32	5.47	12.39	5.90	13.95	5.14	13.66	5.21
费用超支	12.24	5.47	11.47	5.49	12.61	5.52	12.66	5.31
网络成瘾	13.48	5.57	12.14	5.33	14.60	5.77	13.77	5.34

由表 2.13 可知，无论是全国还是地方数据中，得分最高的都是隐私泄露，得分最低的也还是黑客攻击，且隐私泄露和黑客攻击的得分与其他网络风险项目的得分差距较大。这也再次验证了青少年对这两种网络风险的认知差异。并且，在山东、河南和重庆之间，除黑客攻击外，山东的其余 12 个网络风险项目得分均是相应项目中最低的。而河南与重庆相比较，除网络病毒与费用超支外，河南的其余 11 个网络风险项目得分均要高于重庆。所以，总体而言，河南青少年感受到的网络风险最高，山东的最低。值得注意的是，无论是在表 2.11、表 2.12 还是表 2.13 中，山东的得分都最低，河南的得分都相对最高。这意味着青少年网络风险认知存在地域差异。

表 2.13 显示，全国范围内，青少年认为风险最高的前三项分别是隐私泄露（15.68）、网络诈骗（13.80）和不良信息（13.75）。其中，除隐私泄露外，网络诈骗在山东、河南和重庆三个省市也位居前三。相对而言，风险较低的后三位分别是黑客攻击（10.48）、费用超支（12.24）和网络暴力（12.42）。这三项在山东、河南和重庆三个省市也同样居后三位。从位次的变动来看，与全国相比，山东、河南和重庆发生变动的分别有 7 个、5 个和 6 个。河南与重庆主要发生在相邻项目间的位次变动。而山东的变动幅度相对更大。如网络成瘾由原来的第 4 位降为第 10 位，网络病毒则由原来的第 7 位上升到第 2 位。

为了更清晰地了解青少年眼中，其本人、其他人和所有人等不同主体遭遇网络风险的情况，将表 2.11 至表 2.13 中的全国数据分别抽取出来，并以所有人为参照，汇总进行比较。结果显示如表 2.14 所示：

表 2.14 网络风险项目发生在不同主体身上的得分及排序

网络风险项目	所有人		青少年本人		其他人	
	得分	排序	得分	排序	得分	排序
隐私泄露	15.68	1	14.49	1	16.96	1
网络诈骗	13.80	2	11.92	7	15.82	2
不良信息	13.75	3	12.50	3	15.08	4
网络成瘾	13.48	4	11.51	9	15.55	3
垃圾信息	13.46	5	12.41	5	14.55	5
买到次品	13.32	6	12.66	2	14.06	10
网络病毒	13.261	7	12.38	6	14.21	9
资料丢失	13.17	8	11.90	8	14.53	6
网络故障	13.06	9	12.49	4	13.70	12
恶意骚扰	12.65	10	11.14	10	14.28	7
网络暴力	12.42	11	10.73	12	14.24	8
费用超支	12.24	12	10.90	11	13.72	11
黑客攻击	10.48	13	9.09	13	11.98	13

由表 2.14 可知，无论是对所有人、青少年本人还是其他人，隐私泄露的得分都最高，是最大风险；而黑客攻击的得分最低，风险最小。在位列前四的

网络风险当中，所有人和其他人的情况基本相同，但在青少年本人这列，青少年认为其本人遭遇网络诈骗或是网络成瘾的风险较低。在位列后四的网络风险当中，所有人和青少年本人的情形相同，恶意骚扰、网络暴力、费用超支和黑客攻击的风险相对较低。但青少年认为其他人遭遇恶意骚扰和网络暴力的风险却相对较高。

从位次变化来看，与"所有人"相比，"青少年本人"和"其他人"分别有7个和9个位次的变化，"其他人"这列的变动略多。但从变动的幅度来看，"青少年本人"这列位次变化最大的是网络成瘾，达5个位次之多，且涉及3个网络风险项目，分别是网络诈骗、网络成瘾和网络故障。"其他人"这列位次变化最大的是买到次品，有4个位次的变化。所以，"青少年本人"这列的位次变动幅度比"其他人"更大。

从每一个网络风险项目的得分情况来看，"青少年本人"这一列的分数均低于"所有人"这一列，而"其他人"这一列的分数则均高于"所有人"这一列。为便于接下来的讨论，我们把在青少年看来，其本人遭遇的风险称为"青少年本人风险"，其他人遭遇的风险称为"其他人风险"，所有人遭遇的风险称为"一般风险"。在给不同主体遭遇的风险赋予不同名称之后，我们再对不同主体风险进行比较。首先对青少年本人风险和其他人风险进行比较。仔细观察数据可以发现，青少年本人风险中的每一项得分均要低于其他人风险中的相应项得分，即青少年本人风险要低于其他人风险。造成这种现象的可能原因在于，青少年在对其他人风险进行评定时，由于对其他人缺乏清晰认知，他们通常会以自己为参照点来进行评定。由于风险可能带来不良后果，这是青少年本人所尽力回避的，因为从本意上说，谁也不愿意让自己遭受损失。由此，在进行风险评定时，他们会有意或是无意地拉低自己的分数，认为自己不大可能遭遇这样的一些风险，进而导致青少年本人风险要低于其他人风险。其次，对青少年本人风险和一般风险进行比较。通过比较可以发现，青少年本人风险同样也要低于一般风险。青少年本人风险低于一般风险的现象，证实了青少年网络风险认知中也存在 Sutton 等所称的"乐观偏见"现象，即认为个人风险要低于一般风险[1]。造成这种现象的可能原因也与青少年对他人缺乏充分认知有关。克鲁格把类似的现象称为"平均以下效应"。克鲁格认为，对他人判断的不充分是人类判断中的一个共同性偏见。要改变这种状况，应及时给判断者提

---

① STEPHEN SUTTON. Perception of health risks: a selective review of the psychological literature [J]. Risk Management, 1999, 1（1）: 51-59.

供关于其自我判断脱靶的反馈信息并教给他们一些有效的元认知技能，判断者就可以找到比较判断的正确校标①。最后，再看其他人风险和一般风险。可以看出，其他人风险要高于一般风险。在以往研究中，无论是"平均以上效应"还是"平均以下效应"，其出发点都是把自己和他人相比较，而这里是除自己之外的其他人和所有人的比较。那么，又该如何对这一现象进行解释呢？由于所有人都是由青少年本人和其他人构成。当在网络风险认知中，青少年会有意或无意拉低个人风险，自然会导致所有人风险低于其他人风险。实质上，就算是让人们对两个他者进行比较，其结果依然会受到判断者本人的影响。来自以色列特拉维夫大学心理学系的克拉尔和基拉底完成的一个实验就证实了这一点。在该实验中，他们要求被试者从自己喜欢的学生群体中随意抽取一位，然后和对照组中的普通学生进行比较，以看谁更聪明、更友善等。尽管这两个组的学生同等优秀，但被试的打分却更倾向于自己所抽取出来的那位学生。这说明被试者在对他者的判断中，把给予自己的同样权重给予了自己喜欢的对象。类似的情况也适用于被试者自己不喜欢的对象②。概括地说，在青少年网络风险认知中，无论是青少年本人风险低于其他人风险，抑或是青少年本人风险低于一般风险，还是其他人风险高于一般风险，这些都属于风险认知偏差。我们可以把青少年网络风险认知中的这种认知偏差现象，统称为"风险认知基本偏差"。当然，也正因为风险认知基本偏差的存在，所以我们对青少年网络风险认知的研究更显必要。

---

① 刘华. 社会心理学 [M]. 杭州：浙江教育出版社，2009：26-39.

② YECHIEL KLAR, EILATH E. GILADI. No one in my group can be below the group's average: a robust positivity bias in favor of anonymous peers [J]. Journal of Personality and Social Psychology, 1997, 73（5）：885-901.

第三章　青少年网络风险认知水平

> 风险天生是主观的……风险并非独立于我们的心智和文化之中，而是"外在"地存在于那里，等待着我们去测量它。相反，人类发明了"风险"的概念来帮助我们理解和应对生活中的危险和不确定性……与此同时，风险认知的研究已经证明，非科学家们也有他们自己的模型、预设和主观评估的技术（直觉风险评估），这些有时会与科学家的模型大相径庭。

—— ［美］保罗·斯洛维奇

上一章在分析青少年视野中的网络风险项目时，我们发现，青少年对不同网络风险项目的认知情况不同。即便是同一网络风险项目，全国的、山东的、河南的和重庆的青少年，得分情况也不相同。这样的不同，其背后反映出的恰恰是青少年网络风险认知的差异问题。更进一步说，是青少年网络风险认知水平存在差异。

风险认知水平的差异，讨论得较多的，一是专家与普通大众之间的差异，另一个则是公众内部之间的差异。前者，诚如文献回顾中所揭示的那样，已成为风险认知研究的一个核心问题。不仅国外有诸多此类研究，国内也有学者证实了专家与普通大众风险认知水平差异的存在。如北京师范大学的王静爱教授等在一项关于城市社区灾害风险认知水平的研究中就发现，专家对于灾害风险认知的水平明显高于普通居民。无论是在新建小区还是老旧小区，专家与普通居民对承灾体的灾害风险认知差距都较大。特别是在老旧小区，由于对小区建设之初的情况不了解，再加上小区基础设施老化等原因，现有居民对身边的灾害风险更是缺乏正确认知①。后者即公众内部之间的差异。性别、年龄和户籍等都被证实可对风险认知的水平产生影响。在一项针对垃圾焚烧发电项目邻近公众环境风险认知水平的测量当中，来自河海大学的陈绍军教授等就发现，公

---

① 高斯瑶，崔淑娟，钟晴，等. 城市社区灾害风险认知水平现状与对策：以北京市海淀区北太平庄社区为例 [J]. 城市与减灾，2013，No. 91（4）：21-23.

众的年龄、性别和文化程度等都可对垃圾焚烧厂邻近公众的环境风险认知产生显著影响[1]。

回到青少年网络风险认知这个话题。在这里，我们不准备探讨专家和青少年在网络风险认知上的差异，因为这与我们的主题有所偏移。我们准备探讨的是：如何对青少年网络风险认知水平进行测量？青少年网络风险认知水平是否因性别、年龄、年级、户籍所在地、家庭背景等而有所不同？如果有所不同，那么，这种不同是否具有统计学上的显著意义？

一、网络风险认知水平的测量

风险认知水平的测量方法有多种，其中较为常用的是心理测量范式。"心理测量学范式包含的理论框架假定风险是由个人主观定义的，这些个人可能受到广泛的心理、社会、制度和文化因素的影响。"[2] 该方法采取自我报告的形式，由被调查者对研究者所列的风险项目进行主观评定。在对每个风险项目进行评定之后，研究者再采取一定的方式对被调查者的风险项目得分进行处理，最终实现对被调查者风险认知水平的测量。例如，在一项关于西部地区农民对农村社会的风险认知与行为选择的研究当中，研究者列出了14项农村社会可能引发的矛盾的风险，包括经济贫困问题、农村养老问题和自然灾害问题等。在被调查者完成所有的回答之后，研究者将14个风险项目的得分相加，求其平均分。以农民所答的平均分为分界线，高于平均分的为高风险认知，低于平均分的为低风险认知。由此，实现了农民对农村社会风险认知水平的测量[3]。

对青少年网络风险认知水平的测量，可以借鉴心理测量范式的做法。具体来说就是：首先，凝练出青少年视野中的网络风险项目。其次，采用李克特五级测量的方法，让青少年从风险发生的可能性和风险发生后果的严重程度两方面对网络风险项目进行评判。将每位回答者在网络风险项目发生的可能性和后果的严重程度两方面的得分相乘，所得分数即为此回答者的网络风险认知得

---

① 陈绍军, 胥鉴霖. 垃圾焚烧发电项目邻近公众环境风险认知水平测量：以 K 市两个垃圾焚烧发电项目为例 [J]. 生态经济, 2014, 30 (10): 24-27.

② 保罗·斯洛维奇. T 风险的感知 [M]. 赵延东, 林土垚, 冯欣, 等译. 北京：北京出版社, 2007.

③ 谢治菊. 西部地区农民对农村社会的风险感知与行为选择 [J]. 南京农业大学学报（社会科学版）, 2013, 13 (4): 12-21.

分。最后，将所有回答者的网络风险认知得分相加，然后算出平均分。以该平均分为基础，得分高于该分数的，视为高风险认知；低于平均分的，则视为低风险认知。由此，就实现了对青少年网络风险认知水平的测量。

在上一章中，我们已经凝练出了 13 个网络风险项目，并从发生的可能性和发生后果的严重程度两方面实现了青少年对这 13 个网络风险项目的测评。在此基础上，我们看看如何进一步确定青少年网络风险认知水平。本研究对青少年网络风险认知水平的确定，主要遵循如下步骤：第一步，计算网络风险项目发生在青少年本人身上的可能性得分（用 K_1 表示）。将这一部分的 13 个网络风险项目得分相加，取其平均数，即为 K_1。举例说明。假如王同学参加了此次问卷调查，那么，如何计算王同学的 K_1 呢？王同学对 13 个网络风险项目发生在其本人身上的可能性均有一个判断。我们根据判断给予相应的分数。由此，13 个网络风险项目对应 13 个分数，再将这 13 个分数相加，求其平均数。该平均数即为 K_1。第二步，计算网络风险项目发生在其他人身上的可能性得分（用 K_2 表示）。K_2 的计算原理同 K_1。第三步，计算网络风险项目发生的可能性得分（用 K 表示）。将 K_1 和 K_2 相加，取其平均数，即为 K。第四步，采用和 K_1、K_2 相同的计算方法，分别计算网络风险项目发上在青少年本人和其他人身上，其后果的严重程度得分。发生在其本人身上的后果严重程度得分用 Y_1 表示，发生在其他人身上的后果严重程度得分用 Y_2 表示。第五步，计算网络风险项目发生的后果严重程度得分（用 Y 表示）。将 Y_1 和 Y_2 相加，取其平均数，即为 Y。第六步，确定青少年网络风险认知水平（用 R 表示）。将 K 和 Y 相乘，所得结果即为 R。通过如上步骤，最终用一个分数来对每位青少年的网络风险认知水平进行表示。分数越高，表明该青少年感受到的网络风险越高。第七步，把每位青少年的网络风险认知水平得分相加，算其平均数。得分高于平均分的为高风险认知，得分低于平均分的为低风险认知。

二、网络风险认知水平的描述统计

采用如上所述方法，经计算，结果发现，青少年网络风险认知的全国平均分为 13.2。如果分地区来看，山东、河南和重庆的分别是 12.39、13.77 和 13.46。其中，河南的最高，山东的最低，重庆的和全国的最为接近。以全国平均分为基准线，高于平均数的为一组，称为高风险认知组；低于平均数的为一组，称为低风险认知组。分组结果见表 3.1。

表 3.1　青少年网络风险认知水平的分组情况　　　　单位：人

分组情况	全国	山东	河南	重庆
高风险认知组	923	244	349	330
低风险认知组	975	401	261	313

从全国情况来看，高风险认知组和低风险认知组的人数大体相当，低风险认知组的要略多一些。从地区来看，山东的是低风险认知组的明显多于高风险认知组的；河南正好相反，是高风险认知组的明显多于低风险认知组的；重庆则是高风险认知组的和低风险认知组的基本相当。

为进一步了解青少年网络风险认知水平，下面我们从性别、年龄、年级、户籍所在地、父母文化程度、父母职业、家庭经济状况和家庭社会地位等方面对高风险认知组和低风险认知组的具体情况进行统计。首先统计的是全国状况见表 3.2。

表 3.2　全国高风险认知组和低风险认知组的具体情况（N = 1 898）

变量	水平	高风险认知组	低风险认知组
性别	男 女	350 573	481 494
年龄	12~15 岁 16~18 岁 19~24 岁	169 282 472	385 267 323
文化程度	初中 高中 大学	177 248 498	404 229 342
户籍所在地	城镇 农村	429 494	534 441
身体健康状况	健康 一般 不健康	816 99 8	882 78 15
父亲文化程度	初中及以下 高中或中专 大专及以上	441 272 209	435 295 245
母亲文化程度	初中及以下 高中或中专 大专及以上	524 236 163	493 290 192

表3.2(续)

变量	水平	高风险认知组	低风险认知组
父亲职业	务农者 非务农者 失业、待业者	178 712 25	156 779 30
母亲职业	务农者 非务农者 失业、待业者	190 627 106	163 699 113
家庭经济状况	平均水平以下 平均水平 平均水平以上	219 636 68	186 695 94
家庭社会地位	中层以上 中层 中层以下	90 516 317	124 599 252

注：个别变量存在部分数据缺失现象，在统计时作为缺失值处理。

由表3.2大致可以看出，高风险认知组中女性居多，低风险认知组中男、女性别比例大体相当。12~15岁的，低风险认知组显著多于高风险认知组；16~18岁的，高风险认知组和低风险认知组的人数大体相当，高风险认知组还略多于低风险认知组；19~24岁的，高风险认知组则要显著多于低风险认知组。初中生中，低风险认知组居多；到高中后比较接近；到大学后，高风险认知组则明显要多于低风险认知组。户籍为城镇的，低风险认知组略多；而户籍为农村的，高风险认知组则略多。身体健康程度不同者，在高风险认知组和低风险认知组的分布差异不明显；父母文化程度和职业对青少年风险认知的影响不明显；家庭经济状况中，高风险认知组和低风险认知组都以平均水平的最多，且平均水平以下的人数均要多于平均水平以上的人数；家庭社会地位和家庭经济状况方面的情况相似，高风险认知组和低风险认知组中也以社会地位中等的最多，且中层以下的要多于中层以上的。

以上是从全国范围来看，青少年在高风险认知组和低风险认知组的具体分布情况。紧接着再来了解山东、河南和重庆的情况，看看地方的情况和全国的情况有何不同，以及地区之间是否存在内部差异等，具体见表3.3。

表 3.3　山东、河南和重庆等地青少年网络风险认知水平分组情况

变量	水平	高风险认知组			低风险认知组		
		山东	河南	重庆	山东	河南	重庆
性别	男 女	95 149	135 214	120 210	178 223	136 125	167 146
年龄	12~15 岁 16~18 岁 19~24 岁	41 81 122	59 115 175	69 86 175	150 107 144	105 74 82	130 86 97
文化程度	初中 高中 大学	46 67 131	64 100 185	67 81 182	160 93 148	114 56 91	130 80 103
户籍所在地	城镇 农村	98 146	135 214	196 134	205 196	121 140	208 105
身体健康状况	健康 一般 不健康	225 16 3	304 41 4	287 42 1	366 29 6	236 21 4	280 28 5
父亲文化程度	初中及以下 高中或中专 大专及以上	105 78 61	163 113 73	173 81 75	135 140 126	140 71 50	160 84 69
母亲文化程度	初中及以下 高中或中专 大专及以上	131 67 46	194 99 56	199 70 61	180 126 95	133 86 42	180 78 55
父亲职业	务农者 非务农者 失业、待业者	41 202 1	94 236 12	43 274 12	63 332 3	60 188 7	33 259 20
母亲职业	务农者 非务农者 失业、待业者	47 185 12	92 211 46	51 231 48	61 323 17	72 144 45	30 232 51
家庭经济状况	平均水平以下 平均水平 平均水平以上	40 176 28	91 235 23	88 225 17	53 302 46	62 181 18	71 212 30
家庭社会地位	中层以上 中层 中层以下	30 160 54	31 186 132	29 170 131	58 273 70	31 148 82	35 178 100

从性别来看，无论是山东、河南还是重庆，高风险认知组中都是女性居多，这也和全国的情况一致；而低风险认知组中，山东依旧是女性居多，河南的男女数量基本相当，重庆则是男性略多于女性。12~15 岁组，大多处于低风

险认知组；到 16~18 岁组，高风险认知组和低风险认知组的人数越来越接近，其中在河南，高风险认知组人数还显著超过低风险认知组；到了 19~24 岁组，重庆的高风险认知组人数也要显著多于低风险认知组，山东的高、低风险认知组人数越来越接近，虽然高风险认知组的人数要略微少一些。初中阶段，低风险认知组的明显多于高风险认知组的；到高中阶段后，差距进一步缩小，河南与重庆的开始持平；到大学阶段，除山东外，河南与重庆的都实现了大幅反超，即高风险认知组的要显著多于低风险认知组的。就户籍所在地而言，高风险认知组中，山东和河南都是农村的多于城镇的，而重庆却恰好相反，是城镇的多于农村的；低风险认知组中，山东是城镇的和农村的持平，河南是城镇的少于农村的，重庆还是城镇的多于农村的。从身体健康状况来看，无论是高风险认知组还是低风险认知组，都是身体健康者占据绝对多数。从父母文化和父母职业来看，除山东是低风险认知组的要多于高风险认知组的之外，河南、重庆等地在高风险认知组和低风险认知组的人数大体相当。在家庭经济状况方面，无论是高风险认知组还是低风险认知组，家庭收入为平均水平者都占大多数。无论高风险认知组还是低风险认知组，山东都是平均收入以上的和平均收入以下的基本相当，河南和重庆则是平均收入以下的居多。在社会地位方面，山东、河南和重庆同样以中层的最多。高风险认知组中，山东的情况是，中层以上的和中层以下的大致相等。而河南与重庆则是中层以下的要多于中层以上的。这样的情况也适用于低风险认知组。

从以上可以看出，山东、河南和重庆等地的情况和全国有非常相似的地方，如家庭经济状况和家庭社会地位等方面，无论是高风险认知组还是低风险认知组，都是中等的人数最多。同时，我们也看到了地方和全国的差异。例如，就户籍所在地而言，全国的情况是高风险认知组中农村的多，低风险认知组中城镇的多。而在地方数据中，在高风险认知组中，山东和河南是农村的多于城镇的，而在重庆，则是城镇的多于农村的。这既反映出全国和地方的差异，也反映出即便是在不同地区之间，也不尽相同。

三、网络风险认知水平的差异比较

从对青少年网络风险认知水平的描述性分析中，我们发现，在性别、年龄等诸多方面，青少年网络风险认知水平存在差异。但这种差异是实质性的差异还是由于抽样误差所导致，还需做进一步的分析。接下来我们将采用全国数据，利用 SPSS 统计软件，采用卡方检验的方法逐个地对青少年网络风险水平中可能存在的差异进行检验。

（一）性别

这里要回答的问题是：不同性别青少年的网络风险认知水平是否存在显著差异？青少年网络风险认知水平按照前面的划分方法，将其分为高风险认知组和低风险认知组。本研究对不同性别青少年的网络风险认知水平进行显著性检验，结果见表3.4：

表 3.4　性别与网络风险认知水平的卡方检验结果

网络风险认知水平	性别		卡方值	P 值
	男	女		
高风险认知组	350（42.1%）	573（53.7%）	25.094	0.000
低风险认知组	481（57.9%）	494（46.3%）		

由表 3.4 可知，不同性别青少年在网络风险认知水平上存在显著差异，且男性更多地处在低风险认知组，女性则更多地位居高风险认知组。男女两性在网络风险认知水平上的差异，可能与女性具有更加敏感、细腻的心理特征有关，还有可能与长久以来社会对男女两性的性别角色塑造相关。如粗犷、豪迈、大大咧咧被视为男性的主要特征，而女性则被认为温柔、体贴、敏感等。

（二）年龄

本研究对青少年的年龄界定为 12~24 岁。我们将 12~24 岁划分为 12~15 岁、16~18 岁和 19~24 岁三个组。这三个年龄组的青少年在网络风险认知方面是否存在显著差异？检验结果见表 3.5：

表 3.5　年龄与网络风险认知水平的卡方检验结果（一）

网络风险认知水平	年龄			卡方值	P 值
	12~15 岁	16~18 岁	19~24 岁		
高风险认知组	169（30.5%）	282（51.4%）	472（59.4%）	111.211	0.000
低风险认知组	385（69.5%）	267（48.6%）	323（40.6%）		

由表 3.5 可知，不同年龄段青少年在网络风险认知水平上存在显著差异。其中，12~15 岁的青少年，低风险认知组的显著多于高风险认知组；16~18 岁

的，高风险认知组的要多于低风险认知组的；19～24 岁的，高风险认知组的更是显著多于低风险认知组。这表明，高年龄段的青少年比低年龄段的青少年感受到更高的网络风险。

如果我们把 12～18 岁作为一个年龄段，19～24 岁作为一个年龄段，两个年龄段大致对应中学阶段和大学阶段，看看这两个年龄段的青少年在网络风险认知水平上是否存在显著差异。相关数据见表 3.6：

表 3.6　年龄与网络风险认知水平的卡方检验结果（二）

网络风险认知水平	年龄		卡方值	P 值
	12～18 岁	19～24 岁		
高风险认知组	451（40.9%）	472（59.4%）	63.177	0.000
低风险认知组	652（59.1%）	323（40.6%）		

表 3.6 显示，12～18 岁和 19～24 岁这两个年龄段青少年在网络风险认知水平上依然存在显著差异，且 19～24 岁的青少年更多地处在高风险认知组，12～18 岁的则更多位居低风险认知组。

（三）文化程度

根据对青少年的年龄界定，在本研究中，青少年的文化程度主要有初中、高中和大学三种。本研究检验了不同文化程度青少年在网络风险认知水平上是否存在显著差异。检验结果见表 3.7：

表 3.7　文化程度与网络风险认知水平的卡方检验结果（一）

网络风险认知水平	文化程度			卡方值	P 值
	初中	高中	大学		
高风险认知组	177（30.5%）	248（52%）	498（59.3%）	117.082	0.000
低风险认知组	404（69.5%）	229（48%）	342（40.7%）		

由表 3.7 可知，不同文化程度青少年的网络风险认知水平存在显著差异。还可大致看出青少年网络风险认知水平的一个变化趋势：初中阶段，低风险认知的显著多于高风险认知的；到了高中阶段，高风险认知的开始反超；到了大学阶段，高风险认知的依然多于低风险认知的，且人数差距愈加明显。概括来说就是，随着文化程度的不断提升，青少年感受到越来越大的网络风险。

再进一步地，将初中和高中合并为中学，看看中学和大学这两个阶段的青少年在网络风险认知水平上是否存在显著差异，见表3.8。

表3.8　文化程度与网络风险认知水平的卡方检验结果（二）

网络风险认知水平	文化程度		卡方值	P 值
	中学	大学		
高风险认知组	425（40.2%）	498（59.3%）	68.490	0.000
低风险认知组	633（59.8%）	342（40.7%）		

表3.8表明，具有中学文化程度和大学文化程度青少年在网络风险认知水平上存在显著差异。具有中学文化程度的青少年，高风险认知组的人数显著少于低风险认知组的。而具有大学文化程度的青少年，高风险认知组的人数要显著多于低风险认知组的。这也反映出从中学到大学，青少年的网络风险认知水平正在发生急剧变化。

（四）户籍所在地

在调查当中，我们还考察了青少年的户籍所在地，即我们想知道，不同户籍所在地的青少年在网络风险认知水平上是否存在显著差异。户籍所在地主要区分为城镇和农村两种情况。本研究对户籍所在地与网络风险认知水平之间的关系进行显著性检验，结果见表3.9：

表3.9　户籍所在地与网络风险认知水平的卡方检验结果

网络风险认知水平	户籍所在地		卡方值	P 值
	城镇	农村		
高风险认知组	429（44.5%）	494（52.8%）	13.038	0.000
低风险认知组	534（55.5%）	441（47.2%）		

由表3.9可知，户籍所在地与网络风险认知水平之间存在显著差异，且户籍所在地为农村的青少年比户籍所在地为城镇的青少年感受到更高的风险。户籍所在地为农村的青少年之所以比户籍所在地为城镇的青少年感受到更高的风险，与多种因素相关。例如社会信任。相对于城镇而言，农村是一个较为封闭的社区，社会流动性差。长期以来，以土地为依赖，以血缘和地缘关系为纽带，中国人形成了错综复杂的人际关系。在人际交往过程中，他们形成了对自己人所特有的信任，而对外人特别是陌生人则缺乏应有的信任感。与农村不同，城镇的流动性强。特别是商业活动，使得人们要不断地和陌生人打交道。

要使交往得以顺利进行，他们必须对陌生人给予一定的信任感。而在网络社会中，除少数由熟人构成的微信群、QQ 群之外，青少年要想畅游于网络，将不得不和大量的陌生人或机构打交道。对于陌生的人和事，来自农村社区的青少年会带着一种天然的不信任感，会对网络中可能存在的风险抱有一种警惕心理。而城镇青少年受城镇文化的影响，对网络的不信任感则相对没有这么强。除社会信任之外，对互联网的熟悉程度、媒介传播等也会对城镇和农村青少年的网络风险认知水平产生不同影响。

（五）身体健康状况

这里要探讨的是不同身体健康状况的青少年，其网络风险认知水平是否存在显著差异。本研究对身体健康状况与网络风险认知水平之间的关系进行显著性检验，结果见表 3.10：

表 3.10 身体健康状况与网络风险认知水平的卡方检验结果

网络风险认知水平	身体健康状况			卡方值	P 值
	健康	一般	不健康		
高风险认知组	816（48.1%）	99（55.9%）	8（34.8%）	5.767	0.056
低风险认知组	882（51.9%）	78（44.1%）	15（65.2%）		

由表 3.10 可知，身体健康状况与网络风险认知水平之间的关系不显著，即不同身体健康状况的青少年在网络风险认知水平上不存在显著差异。

（六）父母文化程度

家庭是社会的最小细胞，也是青少年社会化的重要机构。在家庭中，父母对青少年的影响是多方面同时也是最重要的。这里我们将看看父母文化程度和职业不同的青少年在网络风险认知水平上是否明显不同。检验结果见表 3.11、表 3.12：

表 3.11 父亲文化程度与网络风险认知水平的卡方检验结果

网络风险认知水平	文化程度			卡方值	P 值
	初中及以下	高中或中专	大专及以上		
高风险认知组	441（50.3%）	272（48%）	209（46%）	2.350	0.309
低风险认知组	435（49.7%）	295（52%）	245（54%）		

表 3.12 母亲文化程度与网络风险认知水平的卡方检验结果

网络风险认知水平	文化程度			卡方值	P 值
	初中及以下	高中或中专	大专及以上		
高风险认知组	524 (51.5%)	236 (44.9%)	163 (45.9%)	7.439	0.024
低风险认知组	493 (48.5%)	290 (55.1%)	192 (54.1%)		

从结果来看，本研究发现了一个很有趣的现象，即父亲文化程度与青少年网络风险认知水平之间的关系不显著，而母亲文化程度与青少年网络风险认知水平之间的关系则具有统计学上的显著意义，即母亲文化程度不同的青少年在网络风险认知水平上存在显著差异。这意味着母亲文化程度对青少年网络风险认知水平具有较大影响。

（七）父母职业

在考察了父母文化程度和青少年网络风险认知水平之间的关系之后，本研究继续考察父母职业与青少年网络风险认知水平之间的关系。本研究对父母职业和青少年网络风险认知水平之间的关系分别进行显著性检验，结果见表3.13、表3.14：

表 3.13 父亲职业与网络风险认知水平的卡方检验结果

网络风险认知水平	父亲职业			卡方值	P 值
	务农者	非务农者	失业、待业者		
高风险认知组	178 (53.3%)	712 (47.8%)	25 (45.5%)	3.587	0.166
低风险认知组	156 (46.7%)	779 (52.2%)	30 (54.5%)		

表 3.14 母亲职业与网络风险认知水平的卡方检验结果

网络风险认知水平	母亲职业			卡方值	P 值
	务农者	非务农者	失业、待业者		
高风险认知组	190 (53.8%)	627 (47.3%)	106 (48.4%)	4.777	0.092
低风险认知组	163 (46.2%)	699 (52.7%)	113 (51.6%)		

由表3.13和表3.14可知，无论是父亲职业还是母亲职业与青少年网络风险认知水平之间的关系都不显著，即青少年网络风险认知水平不因父母职业的不同而有显著差异。

（八） 家庭经济状况

家庭经济状况通常被认为对青少年发展具有重要影响。这里我们要分析的是，不同家庭经济状况青少年在网络风险认知水平上是否存在显著差异。本研究对家庭经济状况与青少年网络风险认知水平之间的关系进行显著性检验，结果见表3.15：

表 3.15　家庭经济状况与网络风险认知水平的卡方检验结果

网络风险认知水平	家庭经济状况			卡方值	P 值
	平均水平以上	平均水平	平均水平以下		
高风险认知组	68（42%）	636（47.8%）	219（54.1%）	8.058	0.018
低风险认知组	94（58%）	695（52.2%）	186（45.9%）		

表3.15表明，家庭经济状况与网络风险认知水平之间的关系显著，即不同家庭经济状况青少年在网络风险认知水平上存在显著差异。家庭经济平均水平以下的，高风险认知组的人数要多于低风险认知组的人数。而家庭经济处在平均水平或是平均水平以上的，则是低风险认知组的人数要多于高风险认知组的。

（九） 家庭社会地位

家庭社会地位是与家庭经济状况相关但又不同的一个变量。家庭经济状况好并不意味着家庭社会地位也高；反义亦然。家庭社会地位不同的青少年是否在网络风险认知水平上也明显不同？本研究对家庭社会地位与网络风险认知水平之间的关系进行显著性检验，结果见表3.16：

表 3.16　家庭社会地位与网络风险认知水平的卡方检验结果

网络风险认知水平	家庭社会地位			卡方值	P 值
	中层以上	中层	中层以下		
高风险认知组	90（42.1%）	516（46.3%）	317（55.7%）	17.594	0.000
低风险认知组	124（57.9%）	599（53.7%）	252（44.3%）		

由表3.16可知，不同家庭社会地位的青少年在网络风险认知水平上存在显著差异。家庭社会地位位居中层以上的青少年，其多处在低风险认知组。而家庭社会地位为中层以下的青少年，则更多地位列高风险认知组。

（十）地区

本次调查在代表东部的山东、代表中部的河南和代表西部的重庆进行。由于经济社会发展的差异，地处东、中、西三个不同地区的青少年，在网络风险认知水平上是否有差异呢？本研究对地区与网络风险认知水平之间关系进行显著性检验，结果见表 3.17：

表 3.17　地区与网络风险认知水平的卡方检验结果

网络风险认知水平	地区			卡方值	P 值
	山东	河南	重庆		
高风险认知组	244（37.8%）	349（57.2%）	330（51.3%）	49.973	0.000
低风险认知组	401（62.2%）	261（42.8%）	313（48.7%）		

表 3.17 表明，不同地区青少年在网络风险认知水平上存在显著差异。具体来说就是，河南、重庆是高风险认知组的显著多于低风险认知组的，而山东则是低风险认知组的显著多于高风险认知组的。山东的情况之所以和河南、重庆不同，可能与山东的省情有关。山东作为孔孟之乡，儒家思想的发源地，长期以来深受儒家文化的影响。而在儒家文化当中，诚信被置于非常重要的地位。正如孔子所说："人而无信，不知其可也。大车无輗，小车无軏，其何以行之哉？"诚信，不仅表现为自己不欺骗他人，同时还要对他人保持应有的信任感。或许正因为这种对诚信的追求，某种程度上降低了青少年对网络风险的感知。

第四章 青少年网络风险认知的影响因素

> 在风险分析中，最令人困惑的问题之一是，为什么被专家评估为一些相对较小的风险和风险事件往往会引发强烈的公众关注，并对社会和经济产生重大影响……主要的论点是，风险与心理、社会、制度和文化进程互动，会强化或弱化公众对风险或风险事件的反应。
>
> ——［美］罗杰·E.卡斯帕森

青少年对网络风险的认知不尽相同，其网络风险认知水平也存在高低之分，这是我们在第二章和第三章中得出的结论。它们在共同为我们描绘出青少年网络风险认知基本状况的同时，也有力地证实了青少年在网络风险认知上的差异。既然青少年网络风险认知存在诸多差异，那么，接下来的一个问题自然而然就是：什么原因导致了这种差异的出现？或者说，影响青少年网络风险认知的因素有哪些？在本章，我们将借鉴前人已有相关研究成果，同时结合青少年自身的特点，努力揭示出是哪些因素在对青少年网络风险认知产生影响。

前文在回顾风险认知研究的相关文献时发现，性别、年龄、文化程度和身体健康状况等人口统计变量均可对风险认知产生影响。虽然性别等人口统计变量对风险认知的影响是在其他类型风险认知中被发现的，我们不能简单将其照搬至网络风险认知中，但考虑到网络风险认知和其他风险认知具有共通性，都是对客观风险的一种主观认识，我们有理由怀疑，这些源于人口统计的变量也可能对青少年网络风险认知产生影响。本研究中，在人口统计变量方面，我们提出如下研究假设：

H1：性别对青少年网络风险认知具有显著影响，且女性感知到的网络风险要显著大于男性；

H2：年龄对青少年网络风险认知具有显著的正向影响，即随着年龄的增长，青少年感知到的网络风险越大；

H3：文化程度对青少年网络风险认知具有显著的正向影响，即随着文化程度的提升，青少年感知到的网络风险越大；

H4：身体健康状况对青少年网络风险认知具有显著的负向影响，即身体越健康，青少年感知到的网络风险越小。

除性别和年龄等因素之外，特定领域的知识、经验、信任、风险经历和风险态度等也已被证实可对风险认知产生影响。因此，当我们讨论哪些因素可能对青少年网络风险认知产生影响时，青少年所拥有的网络知识、青少年的网络使用经验、青少年对网络的信任程度、青少年的网络风险经历以及青少年对网络风险的态度等也就非常值得关注。

历经20余年的发展，网络在我国的普及率虽然越来越高，使用起来也越来越方便，但网络所蕴含的风险却并没有因此而减少。对青少年而言，如果缺乏必要的网络知识，就很容易遭遇各种陷阱。例如，在公共论坛随意泄露个人信息，导致隐私泄露；盲目浏览来历不明的网站，导致钱财损失等。其实，不仅是青少年，即便是成年人，如果缺乏必要的网络知识，也会闹出笑话。

与网络知识相关的是网络使用经验。虽然经验和风险认知之间的关系较为复杂，并不如常人所想象的，认为经验越丰富，风险认知水平也就越高。如Slovic等就发现，经验和风险认知成反比，即有关风险的经验越丰富，人们越可能较少考虑这些风险的存在①。但是，经验的匮乏却是导致风险发生的重要原因。青少年网络使用经验可从两方面加以测量：一是网络使用时长，包括网龄及近期平均每日的网络使用时长；二是网络使用熟悉程度，一般认为，网络使用时间越长、网络使用越熟练，网络使用经验也就越丰富。

信任是影响人际交往的一个重要因素。青少年在网络使用过程中，不可避免地要与他人或机构发生关系。青少年对他人或机构越是信任，越可能降低对因与他人或机构交往而产生的风险的认知。而网络风险经历，包括青少年本人的、同辈群体的或是家人的，都会提醒青少年网络风险的存在，进而增强他们对网络风险的认识。

风险态度是人们面对风险时表现出的态度，主要有三种类型，即风险偏好型、风险中立型和风险回避型。风险偏好者会为了更多利益而承担更大风险；风险回避者不愿意承担风险；风险中立者则介于这两者之间，对风险不太关心。网络风险态度是青少年面对网络风险时表现出的态度。青少年对网络风险持何种态度，是偏好型、中立型还是回避型，将直接影响他们对网络风险的认知。

---

① ALHAKAMI A S, SLOVIC P. A psychological study of the inverse relationship between perceived risk and perceived benefit [J]. Risk Analysis, 1994, 14 (6)：1085-1096.

基于上述对网络知识等的相关讨论，我们提出如下研究假设：

H5：网络知识的丰富程度对青少年网络风险认知具有显著的正向影响，即拥有的网络知识越丰富，青少年感知到的网络风险越大；

H6：网龄对青少年网络风险认知具有显著的正向影响，即随着网龄的增长，青少年感知到的网络风险越大；

H7：每日上网时长对青少年网络风险认知具有显著的正向影响，即随着每日上网时长的增长，青少年感知到的网络风险越大；

H8：网络使用熟练程度对青少年网络风险认知具有显著的正向影响，即网络使用越熟练，青少年感知到的网络风险越大；

H9：网络信任对青少年网络风险认知具有显著的正向影响，即对网络越是信任，青少年感知到的网络风险越大；

H10：网络风险经历对青少年网络风险认知具有显著影响；

H10.1：青少年本人的网络风险经历对其网络风险认知具有显著影响，且有过网络风险经历的青少年要比没有过网络风险经历的青少年感知到更大网络风险；

H10.2：同辈群体的网络风险经历对青少年网络风险认知具有显著影响，且同辈群体有过网络风险经历的青少年要比同辈群体没有过网络风险经历的青少年感知到更大网络风险；

H10.3：青少年家人的网络风险经历对其网络风险认知具有显著影响，且家人有过网络风险经历的青少年要比家人没有过网络风险经历的青少年感知到更大网络风险；

H11：网络风险态度对青少年网络风险认知具有显著的正向影响，即网络风险偏好型的青少年，感知到的网络风险越大；网络风险回避型的青少年，感知到的网络风险越小。

除青少年个体因素之外，青少年的成长还离不开特定的社会环境。美国著名心理学家布朗芬布伦纳（Urie Bronfenbrenner）曾提出生态系统理论。布朗芬布伦纳认为，人的发展受到多水平环境的影响。影响个体的环境可分为四层，从内到外分别是：微系统（microsystem）、中间系统（mesosystem）、外部系统（exosystem）和宏观系统（macrosystem）。其中，微系统指对个体发展有着直接影响的环境，包括家庭、同伴和学校等；中间系统指各微系统之间的联系或相互关系；外部系统指个体没有直接参与但对其发展有着影响的系统，如父母的工作环境等；宏观系统不是一个具体的环境，指将上述三个系统置于其中的文化背景。在这里，我们不想对影响青少年发展的宏观系统进行探讨，但拟对其他系统中对青少年发展有着重要影响的因素，包括家庭、同辈群体、学校和大众传播等，做一个必要的阐述。

家庭是青少年社会化的首个机构。在家庭因素中，有两个非常值得我们关注的因素：一是家庭背景，包括家庭所在地、父母文化程度、父母职业、家庭经济状况和家庭社会地位等；二是父母对青少年的网络风险教育。家庭所在地，更具体的表达是，户籍所在地是城镇还是农村，是在中国的东部、中部还是西部。从中国互联网络信息中心发布的有关青少年的统计报告来看，各地的青少年在网络信息获取、网络娱乐、网络沟通交流和网络商务交易等方面均存在差异。我们据此认为，各地的青少年，在网络风险认知方面也可能存在差异。此外，父母是青少年社会化的重要执行者和推动者。父母文化程度和职业的差异会直接体现在他们的教育方式和教养态度上。而父母教育方式和教养态度的不同，又与青少年的个性形成有着很大关系。研究发现，父母是支配型的，儿童比较顺从、腼腆、被动、缺乏自信心；而父母是服从型的，儿童则具有反抗、独立和攻击性特征①。个性的不同，又将直接反映在风险认知上。一项关于人格风险倾向对我国建筑项目经理风险认知影响的研究表明，人格特质对建筑项目经理的风险认知具有显著影响②。除父母文化程度和职业外，父母是否和子女沟通有关网络风险方面的事情，亦可对青少年网络风险认知产生影响。而家庭经济状况和家庭社会地位则可通过父母的衣食住行和言传身教等，对青少年的态度、行为方式和价值观等产生影响。

除家庭因素外，青少年的社会化还深受同辈群体和学校的影响。同辈群体是由地位相近、年龄相仿、兴趣爱好和行为方式大体相同的人组成的一种非正式群体。同辈群体的认同感较强，有些还有自己独特的亚文化。同辈群体的存在一定程度上满足了青少年交往、学习和娱乐等方面的需求，它也是影响青少年社会化的一个重要因素。同辈群体对青少年网络风险认知的影响可从两方面来考察：一是同辈群体中其他成员的网络风险经历，二是同辈群体之间是否就网络风险相关问题进行交流、讨论。而学校作为一个系统学习的地方，青少年是否参加了学校组织的网络风险教育，如与网络风险相关的课程、讲座、主题班会和知识竞赛等，以及学校网络风险教育的效果如何，都将对青少年网络风

① 姚本先，何军. 家庭因素对儿童社会化发展影响的研究综述 [J]. 心理发展与教育，1994 (2)：44-48.

② CHUNMEI WANG, BINGBING XU, SUJUAN ZHANG, et al. Influence of personality and risk propensity on risk perception of chinese construction project managers [J]. International Journal of Project Management, 2016, 34 (7)：1294-1304.

险认知产生直接或间接影响。

　　大众媒介是人们获取信息和知识的重要来源。传统媒体主要有报纸、杂志、广播和电视，新兴媒体则以互联网为主要代表。随着手机等移动终端的普及和微信、微博等传播工具的日益推广，人们在享受信息获取的便捷时，也对媒介传播特别是新兴媒体的传播愈加依赖。媒介传播对风险认知的影响主要有两种，即风险强化和风险弱化。前者指通过媒介的传播，人们强化了对原有风险的认识；后者则指经由媒介传播，人们感知到的风险相比之前有所减弱的现象。在移动互联时代，青少年是网络族群中人数庞大的一个群体，他们的很多知识，包括对各种网络风险的认识，都经由网络获得。媒介对各种网络风险如网络借贷风险的报道及相关知识的普及，将不同程度影响甚至改变他们的网络风险认知。

　　基于上述对青少年成长相关环境的讨论，我们提出如下研究假设：

　　H12：户籍所在地对青少年网络风险认知具有显著影响，且农村青少年感知到的网络风险要显著大于城镇青少年；

　　H13：家庭所在区域对青少年网络风险认知具有显著影响；

　　H14：父母文化程度对青少年网络风险认知具有显著影响；

　　H14.1：父亲文化程度对青少年网络风险认知具有显著的正向影响，即父亲文化程度越高，青少年感知到的网络风险也越大；

　　H14.2：母亲文化程度对青少年网络风险认知具有显著的正向影响，即母亲文化程度越高，青少年感知到的网络风险也越大；

　　H15：父母职业对青少年网络风险认知具有显著影响；

　　H15.1：父亲职业对青少年网络风险认知具有显著影响；

　　H15.2：母亲职业对青少年网络风险认知具有显著影响；

　　H16：父母对子女的网络风险教育对青少年网络风险认知具有显著的负向影响，即父母越是经常对青少年进行网络风险教育，青少年感知到的网络风险越小；

　　H17：家庭经济状况对青少年网络风险认知具有显著的正向影响，即家庭经济状况越好的青少年，感知到的网络风险越大；

　　H18：家庭社会地位对青少年网络风险认知具有显著的正向影响，即家庭社会地位越高的青少年，感知到的网络风险越大；

　　H19：同辈群体间的网络风险沟通对青少年网络风险认知具有显著的正向影响，即同辈群体间网络风险沟通的频率越高，青少年感知到的网络风险越大；

H20：是否参加过学校组织的网络风险教育对青少年网络风险认知具有显著影响，即参加过学校组织的网络风险教育的青少年比没有参加过学校组织的网络风险教育的青少年，感知到更大网络风险；

H21：学校开展网络风险教育的效果对青少年网络风险认知具有显著的正向影响，即所在学校开展网络风险教育效果越好的青少年，感知到的网络风险越小；

H22：媒介传播对青少年网络风险认知具有显著影响；

H22.1：媒介传播可强化青少年对网络风险的认知；

H22.2：媒介传播可弱化青少年对网络风险的认知。

青少年网络风险认知是青少年在进行网络信息获取、网络沟通交流、网络娱乐或网络商务交易等过程中，对该行为可能遭遇到负面结果的可能性及后果严重程度的一种主观认识。在该定义中，我们将网络行为区分为网络信息获取、网络沟通交流、网络娱乐和网络商务交易四种类型。青少年对网络风险的认知与其正在进行的网络行为类型相关。例如，对网络娱乐和网络商务交易的风险认知肯定存在差异。由此，不同类型的网络行为对青少年网络风险认知的影响也将有所不同。

此外，任何网络行为都发生在一定的空间。具象化的空间就是各种具体的网络活动场所，如论坛、网络直播平台、新闻组社区、博客、微博、微信、QQ、电子邮件、交友社区、购物社区、游戏竞技社区等。由于各种网络活动场所的功能和性质不同，这导致它们所蕴含的风险也不相同。例如，微博作为一种开放式的网络空间，以陌生人间的交往为主。而微信侧重于熟人间的交往。与陌生人交往和与熟人交往，所蕴含的风险自是不同。对青少年而言，因所处网络活动场所不同，所以其感知到的网络风险也会不一样。

综上，我们再提出如下两个研究假设：

H23：网络行为类型对青少年网络风险认知具有显著影响；

H24：网络活动场所对青少年网络风险认知具有显著影响。

至此，我们对可能影响青少年网络风险认知的因素进行了一个大致梳理。对这些因素再仔细观察，可以发现，人口统计变量、网络知识和网络使用经验等主要和个体相关，而家庭背景、父母对子女的网络风险教育和家人的网络风险经历等主要和家庭相关，而同辈群体、学校网络风险教育和媒介传播等则主要和社会相关。由此，按照主体相关程度，我们可以把这些因素大致归纳为个体因素、家庭因素和社会因素三大类。分类结果见表4.1：

表 4.1　青少年网络风险认知的可能影响因素

个体因素	家庭因素	社会因素
性别、年龄等人口统计变量；网络知识；网络使用经验；网络信任；本人的网络风险经历；网络风险态度	家庭背景；家庭网络风险教育；家人的网络风险经历	同辈群体间的网络风险沟通；同辈群体的网络风险经历；学校网络风险教育；媒介传播；网络行为类型；网络活动场所

　　需要指出的是，从广义上说，家庭也是社会的一部分。在这里我们之所以把家庭因素从大的社会因素中单独拿出来，不仅在于在习俗上我们有个人、家庭和社会的表达惯例，更重要的原因在于，我们的研究对象是青少年网民，他们的成长深受家庭影响。为了突显家庭因素对青少年网络风险认知的影响，我们专用一节来对家庭因素进行探讨。

一、个体因素

（一）性别、年龄等人口统计变量

1. 性别

　　这部分拟回答的问题是：性别对青少年网络风险认知是否具有显著影响？每位青少年网络风险认知得分按照第三章第一节中所述方法计算得出。需特别说明的是，在第三章中，我们曾回答了不同性别青少年的网络风险认知水平是否存在显著差异这一问题。在回答该问题时，我们将青少年网络风险认知水平依青少年网络风险认知的得分情况，分为高风险认知组和低风险认知组两组，进而探讨不同性别青少年在这两组的分布情况是否存在显著差异。在这里，我们不再对青少年网络风险认知水平进行分组，而是通过整体观察不同性别青少年的网络风险认知得分情况，判断不同性别青少年在网络风险认知上是否存在显著差异，进而为回答性别是否是影响青少年网络风险认知的因素这一问题提供依据。这和前面从性别角度对青少年网络风险认知水平进行差异比较，并不是一回事，两者不能简单等同。换句话说，对青少年网络风险认知水平差异比较的结果不能直接推论到对青少年网络风险认知影响因素的探讨中。这一点也适用于对年龄和身体健康状况等其他影响因素的分析。

　　男性赋值为 1，女性赋值为 2，本研究通过 SPSS 统计软件，采用单因素方差分析的方法，对 1 898 位青少年网络风险认知得分情况进行显著性检验。结果见表4.2：

表4.2　性别对青少年网络风险认知的影响

性别	观测数	平均分	标准差	F值	P值
男	831	12.87	4.30	9.104	0.003
女	1 067	13.45	4.10		

表4.2显示，不同性别青少年在网络风险认知得分上存在显著差异，女性的网络风险认知得分要显著高于男性。这说明，性别是影响青少年网络风险认知的因素之一，且女性感知到的网络风险要高于男性。

2. 年龄

年龄按实际填写的岁数计算。本研究对不同年龄青少年网络风险认知情况进行显著性检验，结果见表4.3：

表4.3　年龄对青少年网络风险认知的影响

年龄	观测数	平均分	标准差	F值	P值
12~15岁	554	11.19	4.05	107.322	0.000
16~18岁	549	13.50	3.84		
19~24岁	795	14.39	4.04		

表4.3显示，不同年龄青少年在网络风险认知得分上存在显著差异。通过多重比较分析发现，12~15岁的与16~18岁、19~24岁的青少年，两两之间均存在显著差异。这说明，年龄对青少年网络风险认知具有显著影响，随着年龄的增长，青少年网络风险认知的得分也有显著增加，青少年感知到的网络风险也更大。

3. 文化程度

本研究将初一、初二、初三年级的青少年视为具有初中文化，将高一、高二和高三年级的青少年视为具有高中文化，将大一、大二、大三、大四的青少年及研究生视为具有大学文化，比较不同文化程度青少年在网络风险认知得分上是否具有显著差异。其中，初中赋值为1，高中赋值为2，大学赋值为3。检验结果见表4.4：

表 4.4 文化程度对青少年网络风险认知的影响

文化程度	观测数	平均分	标准差	F 值	P 值
初中	581	11.17	4.08		
高中	477	13.65	3.76	114.128	0.000
大学	840	14.35	4.01		

表 4.4 显示，不同文化程度青少年在网络风险认知得分上存在显著差异。并且，经过多重比较发现，具有初中、高中和大学文化程度的青少年，两两之间也存在显著差异。由此可以看出，文化程度对青少年网络风险认知具有显著影响，且随着文化程度由初中到高中再到大学的逐步提升，青少年感知到的网络风险也显著增大。

4. 身体健康状况

将"很健康"和"比较健康"合并为"健康"，将"比较不健康"和"很不健康"合并为"不健康"，这样，我们就将身体健康状况区分为"健康""一般"和"不健康"三种。其中，很健康赋值为 1，一般赋值为 2，不健康赋值为 3。本研究对不同身体健康状况青少年的网络风险认知得分进行差异性检验，结果见表 4.5：

表 4.5 身体健康状况对青少年网络风险认知的影响

身体健康状况	观测数	平均分	标准差	F 值	P 值
健康	1 698	13.13	4.19		
一般	177	13.89	4.33	2.754	0.064
不健康	23	12.75	3.37		

表 4.5 显示，不同身体健康状况青少年在网络风险认知上不存在显著差异。

（二）网络知识

鉴于对青少年拥有的网络知识不便于采取客观方式来测量，故这里采取被调查者自我报告的方式，采用网络知识的丰富程度这一指标，按照"非常丰富""比较丰富""一般""比较欠缺"和"非常欠缺"五个等级，对被调查者的网络知识进行测量。统计时，非常丰富赋值为 1，比较丰富赋值为 2，一般赋值为 3，比较欠缺赋值为 4，非常欠缺赋值为 5。基于调查结果，本研究对网络知识丰富程度不同青少年的网络风险认知得分进行差异比较。比较结果如表4.6所示：

表4.6 网络知识对青少年网络风险认知的影响

网络知识	观测数	平均分	标准差	F 值	P 值
非常丰富	146	12.52	4.43		
比较丰富	749	13.45	4.28		
一般	886	13.07	4.09	1.920	0.104
比较欠缺	102	13.43	4.06		
非常欠缺	14	13.39	5.40		

注：网络知识的有效个案数为 1 897 个。

表4.6 显示，拥有不同程度网络知识的青少年在网络风险认知的得分上不存在显著差异，因而，网络知识的丰富程度对青少年网络风险认知没有显著影响。

（三）网络使用经验

1. 网络使用时间

对网络使用时间的测量分两块：一是网龄，即从被调查者首次接触网络开始，到被调查者接受调查的时间为止；二是每日网络使用时长。先看网龄对青少年网络风险认知的影响。在早期的调查问卷中，我们设有"您的网龄：_____"这样的问题。但通过预调查发现，有部分初中生对什么是网龄并不了解，因而，在最终的调查问卷中，我们将这个问题修改为"您第一次接触网络是在哪一年：_____年（请填写实际的年份）"。由于调查是在2019 年完成的，所以，我们对网龄的计算是用 2019 减去被调查者所填写的年份，所得结果即为该被调查者的实际网龄。调查结果显示，青少年网龄在 1 年到 19 年之间。将网龄分为 1~4 年、5~8 年、9~12 年和 13 年及以上四组，且分别赋值为 1、2、3 和 4。对拥有不同网龄青少年的网络风险认知得分情况进行显著性检验，结果见表4.7：

表 4.7　网龄对青少年网络风险认知的影响

网龄	观测数	平均分	标准差	F 值	P 值
1~4 年	205	11.83	4.30		
5~8 年	578	12.62	4.06	21.042	0.000
9~12 年	883	13.59	4.13		
13 年及以上	211	14.51	4.18		

注：网龄的有效个案数为 1 877 个。

表 4.7 显示，不同网龄青少年在网络风险认知得分上存在显著差异。故网龄对青少年网络风险认知具有显著影响。事后多重比较发现，四组网龄的青少年，两两之间也存在显著差异。结合青少年网络风险认知的得分，进而可得出结论，随着青少年网龄的不断增长，青少年感知到的网络风险也越大。

接下来我们再看每日网络使用时长的情况。这里的每日网络使用时长指最近一个月内青少年平均每天上网的大约时间。分"1 小时以内""1~2 小时""2~3 小时""3~4 小时"和"4 小时以上"五个等级。其中，1 小时以内赋值为 1，1~2 小时赋值为 2，2~3 小时赋值为 3，3~4 小时赋值为 4，4 小时以上赋值为 5。对每日不同网络使用时长青少年网络风险认知得分进行差异比较，结果见表 4.8：

表 4.8　每日网络使用时长对青少年网络风险认知的影响

每日网络使用时长	观测数	平均分	标准差	F 值	P 值
1 小时以内	595	12.67	4.15		
1~2 小时	366	12.13	3.98		
2~3 小时	330	12.82	4.35	28.679	0.000
3~4 小时	213	13.90	3.97		
4 小时以上	394	14.93	3.91		

表 4.8 显示，最近一个月内每日不同网络使用时长青少年在网络风险认知得分上存在显著差异，即最近一个月内的每日网络使用时长对青少年网络风险认知具有显著影响。事后多重比较发现，除每日网络使用时长在 1 小时之内和 2~3 小时的青少年在网络风险认知得分上不存在显著差异外，其他每日网络使用时长不同的青少年，在网络风险认知得分上均存在显著差异。且每日使用时长从 1~2 小时开始，时间越长，青少年感知到的网络风险就越大。

2. 网络使用熟练程度

本研究把网络使用熟练程度分为"非常熟练""比较熟练""一般""不太熟练"和"很不熟练"五个等级，然后考察网络使用熟练程度不同的青少年在网络风险认知得分上是否存在显著差异。统计时，非常熟练赋值为1，比较熟练赋值为2，一般赋值为3，不太熟练赋值为4，很不熟练赋值为5。数据分析结果见表4.9：

表4.9 网络使用熟练程度对青少年网络风险认知的影响

网络使用熟练程度	观测数	平均分	标准差	F值	P值
非常熟练	204	13.25	4.62		
比较熟练	882	13.51	4.22		
一般	720	12.79	3.96	3.095	0.015
不太熟练	79	13.38	4.60		
很不熟练	13	12.65	5.46		

表4.9显示，不同网络使用熟练程度青少年在网络风险认知得分上存在显著差异，由此可知，网络使用熟练程度对青少年网络风险认知具有显著影响。需注意的是，尽管从总体上来说，网络使用熟练程度对青少年网络风险认知具有显著影响，但多重比较的结果表明，除网络使用比较熟练和熟练程度一般的青少年在网络风险认知的得分上存在显著差异外，其他不同熟练程度的青少年，两两之间在网络风险认知的得分上都不具显著差异。

（四）网络信任

借鉴中国人民大学中国综合社会调查（CGSS）2013年度和2015年度调查问卷中对社会信任测量的方法，在本研究中，我们询问被调查者"总的来说，您是否同意网络中的绝大多数人都可以信任?"，而被调查者可从"非常同意""比较同意""一般""不大同意"和"很不同意"五个选项中选择一个最符合自己实际情况的作为回应。通过这样的方式，最终实现对青少年网络信任度的测量。

统计时，非常同意赋值为1，比较同意赋值为2，一般赋值为3，不大同意赋值为4，很不同意赋值为5。基于调查数据，本研究对不同网络信任度的青少年在网络风险认知得分上的差异进行比较，结果见表4.10：

表 4.10　网络信任对青少年网络风险认知的影响

网络信任	观测数	平均分	标准差	F 值	P 值
非常同意	25	14.53	5.33		
比较同意	159	13.56	4.35		
一般	749	13.44	4.21	4.714	0.001
不大同意	741	13.13	4.13		
很不同意	223	12.21	4.01		

注：网络信任的有效个案数为 1 897 个。

表 4.10 显示，不同网络信任度青少年在网络风险认知得分上存在显著差异，因此我们可以说，网络信任对青少年网络风险认知具有显著影响。事后多重比较发现，选择"非常同意""比较同意""一般"和"不大同意"的青少年和选择"很不同意"的青少年在网络风险认知得分上均存在显著差异，而选择"非常同意""比较同意""一般"和"不大同意"的青少年之间，在网络风险认知得分上的差异不显著。比较让人意外的是，网络信任度低的青少年在网络风险认知的得分上要显著低于网络信任度高的青少年，或者说，网络信任度高的青少年感知到的网络风险反而要大于那些网络信任度低的青少年。

（五）本人网络风险经历

这里主要探寻的问题是：青少年本人有无网络风险经历是否会对其网络风险认知产生影响？将其网络风险经历分为"有过""没有过"和"不清楚"三种。其中，有过赋值为1，没有过赋值为2，不清楚赋值为3。对有过网络风险经历和没有过网络风险经历的青少年在网络风险认知上的得分进行差异比较，结果见表4.11：

表 4.11　网络风险经历对青少年网络风险认知的影响

网络风险经历	观测数	平均分	标准差	F 值	P 值
有过	1 058	14.19	3.88		
没有过	767	11.87	4.28	73.168	0.000
不清楚	73	12.84	4.05		

表 4.11 显示，有过网络风险经历的青少年和没有过网络风险经历的青少年在网络风险认知的得分上存在显著差异，且有过网络风险经历青少年的网络风险认知得分要显著高于没有过网络风险经历的青少年。这说明，青少年本人是否有过网络风险经历对其网络风险认知具有显著影响，并且，曾经的网络风险经历让他们感知到更大的网络风险。

(六) 网络风险态度

风险态度的测量有基于期望效用理论框架的测度方法、心理学方法、实证经济学方法和基于前景理论的模糊风险态度分类方法等几种[1]。其中，心理学方法中较为常用的一种方法即是，采用李克特量表形式，设计出若干测量风险态度的项目，依据被调查者在这些项目上的回答，将所得分数进行累加。分数越高，越偏向风险偏好型；反之，则偏向风险回避型。参考森林经营者风险态度的测量[2]和消费者风险态度的测量[3]等做法，在本研究中，我们采用心理学方法中基于李克特量表的复合测度方法，对青少年网络风险态度进行测量。测量由五个有关网络风险态度的项目构成。每个项目均由"非常同意""比较同意""一般""不大同意"和"很不同意"五个选项构成。其中，前两个项目"我对网络新生事物充满好奇，想尝试"和"为了成功，当有机会冒险时，我愿赌上一把"，其选项按照 5 到 1 依次递减的次序赋值，即非常同意赋值为 5，比较同意赋值为 4，一般赋值为 3，不大同意赋值为 2，很不同意赋值为 1。后三个项目，即"他人使用网络新工具或新方法成功后，我才会使用""为了保障网络使用安全，我会积极采取网络安全防范措施"和"当需要对网络使用进行决策时，我会再三考虑"，其选项则按照 1 到 5 依次递增的次序赋值，即非常同意赋值为 1，比较同意赋值为 2，一般赋值为 3，不大同意赋值为 4，很不同意赋值为 5。最终将五个项目的得分相加。分数越高，表明越趋向于风险偏好型；分数越低，则越偏向风险回避型。对网络风险态度与网络风险认知得分之间的相关性进行显著性检验，结果见表 4.12：

① 李建兰，田敏，史满芳. 国内外农户自然灾害风险态度测量方法研究进展 [J]. 安徽农业科学，2015 (12)：274-276，314.

② 冯祥锦，黄和亮，杨建州，等. 森林经营者风险态度及其度量 [J]. 林业经济问题，2013 (5)：403-408.

③ 高海霞. 基于消费者风险态度的赋权价值购买模型 [J]. 中大管理研究，2010 (1)：118-130.

表 4.12　网络风险态度与青少年网络风险认知之间的相关性检验

	观测数	平均分	标准差	相关系数	P 值
网络风险态度得分	1 898	12.14	2.71	0.072**	0.002
网络风险认知得分	1 898	13.20	4.20		

注: ** p<0.01。

表 4.12 显示，网络风险态度得分和网络风向认知得分之间呈现显著正相关关系，这说明，网络风险态度越是趋于风险偏好型，青少年感知到的网络风险越大；反过来，网络风险态度越是趋向风险回避型，青少年感知到的网络风险越小。

二、家庭因素

（一）家庭背景

1. 户籍所在地

把户籍所在地分为城镇和农村两种，将城镇赋值为 1，农村赋值为 2。对不同户籍所在地青少年网络风险认知得分的差异进行比较，结果见表 4.13：

表 4.13　户籍所在地对青少年网络风险认知的影响

户籍所在地	观测数	平均分	标准差	F 值	P 值
城镇	963	12.96	4.22	6.368	0.012
农村	935	13.44	4.17		

从表 4.13 显示的统计结果来看，不同户籍所在地青少年在网络风险认知得分上存在显著差异，且户籍所在地为农村的青少年的网络风险认知得分要显著高于城镇青少年。由此，户籍所在地对青少年网络风险认知具有显著影响，且户籍所在地为农村的青少年感知到的网络风险要显著大于城镇青少年。

2. 家庭所在区域

本研究把家庭所在区域分为东部、中部和西部三个部分。东部抽取山东为代表，中部抽取河南为代表，西部抽取重庆为代表。统计时，东部赋值为 1，中部赋值为 2，西部赋值为 3。对不同地区青少年的网络风险认知得分进行差异比较，结果见表 4.14：

表 4.14 地区对青少年网络风险认知的影响

地区	观测数	平均分	标准差	F 值	P 值
东部	645	12.39	4.52		
中部	610	13.77	4.05	19.338	0.000
西部	643	13.46	3.88		

表 4.14 显示，东、中、西部等不同地区青少年在网络风险认知得分上存在显著差异。由此可知，地区对青少年网络风险认知具有显著影响。事后多重比较发现，东部和中部、西部的差异明显，而中部和西部之间的差异则不明显，即东部地区青少年感知到的网络风险要显著小于中部和西部地区的，而中部和西部地区青少年感知到的网络风险则无明显区别。

3. 父母文化程度

父母的文化程度分"初中及以下""高中或中专""大专及以上"三个等级。其中，初中及以下赋值为 1，高中或中专赋值为 2，大专及以上赋值为 3。

先看父亲文化程度对青少年网络风险认知的影响。结果见表 4.15：

表 4.15 父亲文化程度对青少年网络风险认知的影响

父亲文化程度	观测数	平均分	标准差	F 值	P 值
初中及以下	876	13.33	4.21		
高中或中专	567	13.03	4.15	0.898	0.408
大专及以上	454	13.14	4.24		

注：父亲文化程度的有效个案数为 1 897 个。

表 4.15 显示，父亲文化程度不同青少年在网络风险认知得分上不具有显著差异，也就是说，父亲文化程度对青少年网络风险认知不具有显著影响。

考察了父亲文化程度对青少年网络风险认知的影响之后，接下来看母亲文化程度对青少年网络风险认知的影响情况。单因素方差分析的结果见表 4.16：

表 4.16 母亲文化程度对青少年网络风险认知的影响

母亲文化程度	观测数	平均分	标准差	F 值	P 值
初中及以下	1 017	13.37	4.06		
高中或中专	526	12.85	4.29	2.685	0.068
大专及以上	355	13.22	4.45		

表 4.16 显示，母亲文化程度不同青少年在网络风险认知得分上也不存在显著差异。事后多重比较发现，虽然总体上母亲文化程度对青少年网络风险认知不具显著影响，母亲文化程度为初中及以下的青少年和母亲文化程度为高中或中专的青少年，在网络风险认知上有显著差异。

前文在对青少年网络风险认知水平进行差异比较的过程中发现，母亲文化程度不同的青少年在网络风险认知水平上存在显著差异，而父亲文化程度青少年在网络风险认知水平上的差异则不显著。而在这里，无论是父亲文化程度还是母亲文化程度，都对青少年网络风险认知不具显著影响。这也说明，对青少年网络风险认知水平的差异比较结果不能简单推论到青少年网络风险认知影响因素的研究当中。

4. 父母职业

在原始问卷中，我们把父母职业分为"党政机关公务员""企事业单位管理人员""企事业单位一般工作人员""各类专业技术人员""商业人员""服务业人员""个体经营人员""离、退休人员""务农者""失业、待业者"和"其他职业人员"等 11 个类别。为便于和前面关于青少年网络风险认知水平差异比较时的做法相一致，同样将父母职业合并为"务农者""非务农者"和"失业、待业者"三大类。其中，除"务农者"和"失业、待业者"之外，其他职业类别均纳入"非务农者"。统计时将非务农者赋值为 1，务农者赋值为 2，失业、待业者赋值为 3。再看父母职业不同青少年在网络风险认知得分上是否存在显著差异。单因素方差分析的结果见表 4.17、表 4.18：

表 4.17　父亲职业对青少年网络风险认知的影响

职业	观测数	平均分	标准差	F 值	P 值
非务农者	1 491	13.11	4.24		
务农者	334	13.53	4.15	1.769	0.171
失业、待业者	55	13.68	3.72		

表 4.18　母亲职业对青少年网络风险认知的影响

职业	观测数	平均分	标准差	F 值	P 值
非务农者	1 326	13.12	4.29		
务农者	353	13.49	3.99	1.038	0.354
失业、待业者	219	13.19	4.00		

表 4.17 和表 4.18 显示，父母职业不同青少年在网络风险认知得分上不具显著差异。这也证实了父母职业对青少年网络风险认知得分不具有显著影响。

5. 家庭经济状况

参照 CGSS（2015）调查问卷中对家庭经济状况的测量，本研究把家庭经济状况区分为"远低于平均水平""低于平均水平""平均水平""高于平均水平"和"远高于平均水平"五种，考察家庭经济状况不同青少年在网络风险认知得分上是否存在显著差异。统计时，将"远低于平均水平"和"低于平均水平"合并为"平均水平以下"，将"高于平均水平"和"远高于平均水平"合并为"平均水平以上"。将平均水平以下赋值为 1，平均水平赋值为 2，平均水平以上赋值为 3。数据分析结果见表 4.19：

表 4.19　家庭经济状况对青少年网络风险认知的影响

家庭经济状况	观测数	平均分	标准差	F 值	P 值
平均水平以下	405	13.87	4.15		
平均水平	1 331	13.05	4.23	6.927	0.001
平均水平以上	162	12.74	3.91		

表 4.19 显示，家庭经济状况不同青少年在网络风险认知得分上存在显著差异。事后多重比较发现，除平均水平和平均水平以上这两者之间不存在显著差异外，其余的两两之间均存在显著差异。这说明，家庭经济状况的改善，在由平均水平以下向平均水平或是平均水平以上转变时，对青少年网络风险认知的影响最为明显，青少年感知到的网络风险发生显著下降。但家庭经济状况在由平均水平向平均水平以上转变，其对青少年网络风险认知的影响则不明显。

6. 家庭社会地位

本研究把家庭社会地位区分为"上层""中上层""中层""中下层"和"下层"五个等级。统计时，将"上层"和"中上层"合并为"中层以上"，"中下层"和"下层"合并为"中层以下"。将中层以上赋值为 1，中层赋值为 2，中层以下赋值为 3。考察家庭社会地位不同青少年在网络风险认知得分上是否均在显著差异。单因素方差分析结果见表 4.20：

表 4.20　家庭社会地位对青少年网络风险认知的影响

家庭社会地位	观测数	平均分	标准差	F 值	P 值
中层以上	214	12.93	4.49		
中层	1 115	12.91	4.28	9.989	0.000
中层以下	569	13.85	3.85		

表 4.20 显示，家庭社会地位不同青少年在网络风险认知得分上存在显著差异。由此，与家庭经济状况一样，家庭社会地位也对青少年网络风险认知具有显著影响。进一步的两两比较发现，中层以上和中层之间差异不显著，中层以上与中层以下，以及中层与中层以下之间差异显著。这说明，当家庭社会地位由中层以下向中层或是中层以上跃升时，其对青少年网络风险认知具有显著影响，青少年感知到的网络风险发生了明显降低。而当家庭经济状况由中层向中层以上跃升时，其对青少年网络风险认知的影响则不显著。

（二）家庭网络风险教育

这里所说的家庭网络风险教育指父母是否和子女沟通过有关网络风险方面的事宜。对家庭网络风险教育的测量采用沟通的频率作为测量指标，即将家庭网络风险教育区分为"经常讲""偶尔讲"和"从不讲"三种。其中，经常讲赋值为1，偶尔讲赋值为2，从不讲赋值为3。对家庭网络风险教育情况不同青少年在网络风险认知得分上的差异性进行比较，结果见表 4.21：

表 4.21　家庭网络风险教育对青少年网络风险认知的影响

家庭网络风险教育	观测数	平均分	标准差	F 值	P 值
经常讲	351	13.09	4.56		
偶尔讲	1 209	13.21	4.13	0.168	0.846
从不讲	338	13.27	4.09		

表 4.21 显示，家庭网络风险教育情况不同青少年在网络风险认知得分上不存在显著差异。这表明，家庭网络风险教育对青少年网络风险认知不具显著影响。

（三）家人网络风险经历

最初设想是：青少年和家庭成员的互动较为密切。家庭其他成员若有过网络风险经历且为青少年所知晓,那么,他们会围绕家庭成员的网络风险经历进行必要的沟通。而这种沟通的结果将会对青少年网络风险认知产生影响。家人网络风险经历也区分为"有过""没有过"和"不清楚"三种,分别赋值为1、2和3。对家庭成员中有人有过网络风险经历的青少年和家庭成员中无人有过网络风险经历的青少年在网络风险认知上的得分进行差异比较,结果见表4.22:

表4.22　家人网络风险经历对青少年网络风险认知的影响

网络风险经历	观测数	平均分	标准差	F 值	P 值
有过	913	14.31	3.95		
没有过	698	12.10	4.21	65.648	0.000
不清楚	287	12.34	4.06		

由表4.22可知,家庭成员中有人有过网络风险经历的青少年和家庭成员中无人有过网络风险经历的青少年,在网络风险认知的得分上存在显著差异。并且,家庭成员中有人有过网络风险经历的青少年,在网络风险认知的得分上要显著高于家庭成员中无人有过网络风险经历的青少年。由此我们可说,家人网络风险经历对青少年网络风险认知具有显著影响,且家庭成员的网络风险经历提升了青少年对网络风险的感知。

三、社会因素

(一) 同辈群体

1. 同辈群体间的网络风险沟通

这里主要考察同辈群体间网络风险沟通频率不同的青少年在网络风险认知的得分上是否存在显著差异。对网络风险沟通频率的测量,我们的最初想法是采用具体数字来表示,如平均每周或平均每月遭遇的次数。但考虑到遭遇网络风险的不确定性和交流次数的统计上困难,最终采用大约估计的形式,即将交流的频率区分为"经常交流""偶尔交流"和"从不交流"三种。其中,经常交流赋值为1,偶尔交流赋值为2,从不交流赋值为3。表4.23即为同辈群体间网络风险沟通频率不同青少年在网络风险认知得分上的差异比较结果。

表 4.23　同辈群体间网络风险沟通对青少年网络风险认知的影响

网络风险沟通	观测数	平均分	标准差	F 值	P 值
经常交流	210	14.25	4.67		
偶尔交流	1 449	13.16	4.10	9.847	0.000
从不交流	238	12.51	4.22		

注：同辈群体间网络风险沟通的有效个案数为 1 897 个。

由表 4.23 可知，同辈群体间网络风险沟通频率不同青少年在网络风险认知得分上存在显著差异。并且，事后多重比较分析发现，同辈群体间经常交流网络风险方面事情的青少年和偶尔交流、从不交流的青少年，相互之间在网络风险的认知上均具显著差异。

2. 同辈群体的网络风险经历

同辈群体网络风险经历的选项和赋值与青少年本人和家人网络风险经历的相同。同辈群体网络风险经历对青少年网络风险认知得分影响的检验结果见表 4.24：

表 4.24　同辈群体网络风险经历对青少年网络风险认知的影响

网络风险经历	观测数	平均分	标准差	F 值	P 值
有过	1 060	14.27	3.93		
没有过	218	12.51	4.63	90.055	0.000
不清楚	620	11.60	3.94		

由表 4.24 可知，同辈群体中曾有过网络风险经历的青少年和没有网络风险经历的青少年，他们在网络风险认知的得分也同样具有显著差异。并且，同辈群体中曾有过网络风险经历的青少年在网络风险认知的得分上要显著高于没有网络风险经历的青少年。由此我们可以说，同辈群体网络风险经历对青少年网络风险认知具有显著影响，且同辈群体的网络风险经历提升了青少年对网络风险的感知。

在互联网出现之前，青少年群体间主要以面对面的交往为主。面对面交往在带来亲密感的同时，也深受特定时空的影响，即他们的交往必须在一定时空中完成，此时的时空是统一的。伴随互联网的快速发展，青少年在保留传统的面对面交往时，还可以通过网络，如 QQ、微信等通信工具来进行沟通。由于基于 QQ、微信等的交往不要求交往双方同时在场，此时交往的时空可以实现分离。这也为他们之间沟通网络风险方面事宜、分享自己或是他人的网络风险经历创造了机会。再加上青少年群体本就由年龄、兴趣、价值观等相同或相近的成员构成，彼此之间认同感强，相互影响较大，群体成员间的网络风险沟通和群体成员的网络风险经历对青少年网络风险认知可产生显著性影响，也就不足为奇了。

（二）学校网络风险教育

1. 网络风险教育参与情况

本研究把青少年网络风险教育参与情况区分为"参加了"和"没有参加"两种。其中，没有参加的包括所在学校开展过网络风险教育但被调查者本人未参加的、所在学校从未开展过任何形式网络风险教育的，以及被调查者本人不清楚其所在学校是否开展过网络风险教育的三种类型人员。统计时，参加了的赋值为1，没有参加的赋值为2。

对学校网络风险教育参与情况不同的青少年在网络风险认知上的得分进行差异比较，结果见表4.25：

表 4.25　学校网络风险教育参与对青少年网络风险认知的影响

学校网络风险教育参与	观测数	平均分	标准差	F 值	P 值
参加了	1 272	13.21	4.15	0.012	0.912
没有参加	626	13.18	4.31		

由表4.25可知，参加过学校网络风险教育的青少年和没有参加过学校网络风险教育的青少年，在网络风险认知的得分上不存在显著差异。由此可知，是否参加过学校网络风险教育对青少年网络风险认知不具显著影响。

2. 网络风险教育的效果

对于那些参加过所在学校开展的网络风险教育的青少年而言，网络风险教育的实施效果对其网络风险认知有无显著影响，是这里欲探讨的问题。本研究把网络风险教育的效果区分为"效果非常好""效果比较好""效果一般""效果比较差"和"效果非常差"五种；把"效果非常好"与"效果比较好"合并为"好"，"效果比较差"和"效果非常差"合并为"差"；将好赋值为1，一般赋值为2，差赋值为3，共计1 272名青少年参与了学校网络风险教育。本研究以这1 272名青少年为分析样本，把对学校网络风险教育的效果评价不同的青少年，其在网络风险认知上的得分进行差异比较，结果见表4.26：

表 4.26　学校网络风险教育效果对青少年网络风险认知的影响

学校网络风险 教育效果	观测数	平均分	标准差	F 值	P 值
好	778	12.96	4.18		
一般	442	13.55	4.09	3.780	0.023
差	52	13.94	3.99		

由表 4.26 可知，对学校开展的网络风险教育的效果评价不同的青少年，其在网络风险认知的得分上存在显著差异。事后多重比较分析发现，评价效果差和一般的青少年在网络风险认知得分上不具显著差异，而评价效果好和一般的之间差异明显。因此，可以说，当学校网络风险教育效果在由一般到好转变时，它对青少年网络风险认知的影响非常明显，它显著降低了青少年感知到的网络风险。而学校网络风险教育效果在由差到一般时，它对青少年网络风险认知的影响不显著。这也提醒学校教育工作者，若想影响青少年的网络风险认知，不是简单地开展网络风险教育就能达到目的，而是要注重效果。只有效果好，才能真正影响青少年对网络风险的认知。

（三）媒介传播

从已有研究来看，媒介传播可能导致风险强化，即经媒介传播，感受到的风险比原来更大；也可能导致风险弱化，即经媒介传播，感受到的风险没有原来大；当然，还可能没有变化。测量媒介传播对风险认知的影响，至少有两种方式：一是采取前后测的方式，对媒介传播之前和媒介传播之后同一人群的风险认知进行测量，由此衡量风险认知是否发生变化。二是直接询问被调查者，经媒介传播后，其对特定事物或现象等的风险认知是否有变化。在本研究中，我们采取第二种方式，测量被调查者经媒介传播后，其对特定现象的风险认知是否有变化。具体来说，我们在问卷中设置了两道题，试图从风险强化和风险弱化的角度分别测量媒介传播对青少年网络风险认知的影响。第一道题，即问卷中的第 26 题，"据媒体报道，2018 年 3 月，河北某大学生因无法偿还网络借贷的金额而自杀身亡。请问：看完此类新闻报道后，您对网络借贷风险的认识有无变化？"该题有四个选项，分别是：网络借贷风险比我原来想象的还要大、我对网络借贷风险的认识并没因此而发生变化、网络借贷风险比我原来想象的要小一些、说不清楚。这四个选项所表达的意蕴分别是：第一个表明经媒介传播后风险意识增强，即我们所说的风险强化；第二个表明媒介传播对青少年网络风险认知没有影响；第三个是风险弱化；第四个是被调查者不清楚风险认知有无变化。调查结果显示（见图4.1），选择第一个选项的人最多，达到1 282人，即有67.5%的人认为，经过媒体报道，他们感知到的网络借贷风险比原来有了提高。有421个被调查者选择了第二个选项，认为媒介传播对他们的网络借贷风险认知并没产生实质影响。认为经媒介传播后，感知到的风险比原来的还要小的人数最少，只有37人。另有158人表示说不清楚是否有变化。

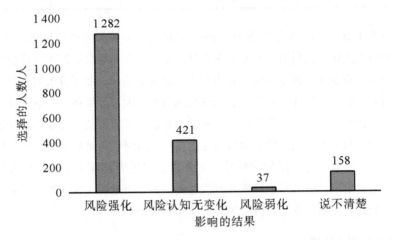

图4.1　媒介传播对青少年网络借贷风险认知的影响

　　单从选择的人数来看，媒介传播不仅对青少年网络借贷风险认知有影响，而且导致的结果主要是风险强化。下面对风险强化者和没有变化者在网络风险认知上的得分进行比较，看看它们之间是否存在显著差异。为保险起见，我们首先将选项2和选项4合并为"无变化组"，将选项1命名为"风险强化组"。统计时，我们将风险强化组赋值为1，无变化组赋值为2，然后考察这两组被调查者在网络风险认知得分上的差异。结果见表4.27：

表4.27　媒介传播对青少年网络风险认知的影响

媒介影响	观测数	平均分	标准差	F 值	P 值
风险强化	1 282	13.41	4.15	9.014	0.003
无变化	579	12.78	4.29		

　　从表4.27来看，风险强化组和无变化组这两组青少年在网络风险认知得分上存在显著差异，且风险强化组的得分要显著高于无变化组。由此可知，媒介传播不仅对青少年网络借贷风险认知具有显著性影响，而且主要引发的是风险强

化，即经由媒介传播，青少年感知到的网络借贷风险要比媒介传播前更大。

问卷中的第27题，即"您是否有过这样的经历，即您原先认为开展某些网络活动（如网络支付、网络交友）的风险较大，但经过媒体报道后，改变了原来的想法，认为该活动的风险并没有原来想象的那么大？"主要用来测量媒介传播是否会导致风险弱化。该题共有三个选项，分别是"有过""没有过"和"不清楚"。有过意味着曾经有过风险弱化的经历，没有过表明风险认知没有发生变化，不清楚则是对风险认知是否发生变化不确定。调查结果显示（见图4.2），选择第一个选项即风险弱化的人数有528人，占总人数的27.8%；认为风险认知无变化者最多，达944人；而不清楚的则有424人。

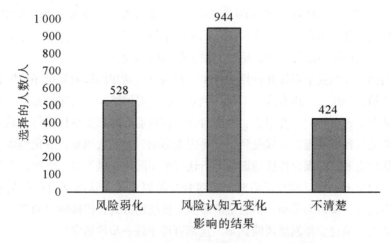

图4.2 媒介传播对青少年网络风险认知的影响

从调查数据来看，虽然认为风险认知无变化的人数最多，但也有27.8%的人有过风险弱化的经历。我们现在把选择风险弱化者和风险认知无变化者在风险认知上的得分进行差异比较，看看它们之间是否存在显著差异。同样，为保险起见，我们将选择"不清楚"的纳入风险认知无变化组，将选择第一个选项的命名为"风险弱化组"；统计时，将风险弱化组赋值为1，风险认知无变化组赋值为2。对这两个组在网络风险认知得分上的差异进行显著性检验，结果见表4.28：

表4.28 媒介传播对青少年网络风险认知的影响

媒介影响	观测数	平均分	标准差	F值	P值
风险弱化	529	13.18	4.19	0.013	0.910
无变化	1 369	13.20	4.21		

由表 4.28 可知，风险弱化组和风险认知无变化组在风险认知的得分上不存在显著差异。或者说，在本研究中，未证实媒介传播能引发风险弱化。

媒介传播之所以对青少年网络风险认知起到强化而非弱化作用，一个重要原因在于，除学校和家庭之外，青少年对外部信息的获得极大地依赖于媒介传播。特别是在微博、微信、QQ 等媒介传播工具愈加发达的背景下，通过媒介特别是网络媒介的传播，来获取外界信息，是他们进行信息获取的重要途径之一。当他们对网络风险不甚了解的情况下，媒介有关网络风险的报道就构建出他们对网络风险认知的图景。媒介出于某些原因，在有关网络风险的报道方面，往往对那些能吸引人们眼球、能引发人们网络风险忧虑的现象或是事例情有独钟。这样的一些现象或事例再经由 QQ、微信和微博等社交媒体的转发，得到广泛传播。当有关这样的一些新闻被密集报道或是广泛传播时，它就可能强化人们对网络风险的认识，感受到更大的网络风险。

当然，我们这里对媒介传播对青少年网络风险认知的影响分析还停留在一个较为粗浅的层次，还有许多不足。例如，我们对网络风险认知是否发生变化主要依赖于青少年的自我报告，没有对媒介传播前后的相关指标进行比较。而青少年的这种自我报告方式受到记忆等因素影响，且无法测量出变化到底有多大。除此之外，对媒介传播的影响分析还有很多问题未做探讨。例如，当媒介传播的信息不一致且相互矛盾时，它对青少年网络风险认知又会产生何种影响？再比如，媒体的类型、信息量的多少、传播的方式、传播的时间等，它们又将如何影响青少年网络风险认知，这都有待于进一步的研究。

（四）网络行为类型

在本研究中，我们将网络行为区分为网络信息获取、网络沟通交流、网络娱乐和网络商务交易四种类型。这里欲探讨的是：青少年网络风险认知是否受到这四种不同类型网络行为的影响？换句话说，青少年是否因其所从事的网络行为的类型不同，对网络风险的认知也因此发生变化？在问卷中，我们要求被调查者对他们在从事这四种不同类型的网络行为时，遭遇网络风险的可能性分别进行评估。评估按可能性大小，分为"非常可能""比较可能""一般""不大可能"和"很不可能"五种。计分时，按 5 到 1 依次递减的次序，分别记 5 分、4 分、3 分、2 分和 1 分。得分越高，表明遭遇网络风险的可能性越大；反之，则越小。采用非参数检验中的多独立样本比较的方法，对青少年在从事不同类型网络行为时遭遇网络风险的可能性得分进行差异比较，结果见表 4.29：

表 4.29　网络行为类型对青少年网络风险认知的影响

网络行为类型	观测数	等级平均值	Kruskal Wallis 检验		
			卡方	自由度	渐进显著性
网络信息获取	1 898	3 906.04			
网络沟通交流	1 898	3 633.24			
网络娱乐	1 898	3 599.51	61.063	3	0.000
网络商务交易	1 898	4 047.21			

由表 4.29 可知，青少年认为他们在网络信息获取、网络沟通交流、网络娱乐和网络商务交易这四种不同类型网络行为当中，遭遇网络风险的可能性方面存在显著差异。换句话说，青少年对网络风险的认知，至少在他们对遭遇网络风险可能性大小的评判方面，受到他们所正在从事的网络行为类型的影响。从等级平均值来看，网络商务交易的值最大，其次是网络信息获取，最小的是网络娱乐。这说明，青少年认为，在进行网络商务交易和网络信息获取时，遭遇网络风险的可能性最大，网络娱乐时遭遇网络风险的可能性最小。

（五）网络活动场所

与网络行为类型相似，这里欲回答的问题是：网络活动场所是否对青少年网络风险认知具有显著性影响？或者说，青少年对网络风险的认知是否因其所在网络活动场所的不同而有所不同？在前期调研的基础上，我们遴选出青少年最可能去的 11 个网络活动场所，分别是：论坛、网络直播、新闻组社区、博客、微博、微信、QQ、电子邮件、交友社区、购物社区、游戏和竞技社区。在调查中，我们要求被调查者对其在这 11 个不同网络活动场所活动时，遭遇网络风险的可能性大小进行评估。可能性大小也分"非常可能""比较可能""一般""不大可能"和"很不可能"五种。计分时，也分别记 5 分、4 分、3分、2 分和 1 分。得分越高，表明遭遇网络风险的可能性越大；反之，则越小。与对网络行为类型的分析相似，这里也采用非参数检验中的多独立样本比较的方法，对青少年在不同网络场所活动时遭遇网络风险的可能性得分进行差异比较，结果见表 4.30：

表 4.30 网络活动场所对青少年网络风险认知的影响

网络活动场所	观测数	等级平均值	Kruskal Wallis 检验		
			卡方	自由度	渐进显著性
论坛	1 898	10 269.81			
网络直播	1 898	10 716.55			
新闻组社区	1 898	7 502.45			
博客	1 898	9 250.02			
微博	1 898	10 152.64			
微信	1 898	11 007.15	1 029.089	10	0.000
QQ	1 898	11 534.31			
电子邮件	1 898	9 316.81			
交友社区	1 898	12 021.52			
购物社区	1 898	11 946.78			
游戏、竞技社区	1 898	11 116.46			

由表 4.30 可知，在不同网络场所活动时，青少年认为其遭遇网络风险的可能性得分之间存在显著性差异。这意味着，青少年对网络风险的认知受到其所在的网络活动场所的影响。网络活动场所不同，青少年认为其遭遇网络风险的可能性也不同。由此，我们可以得出结论说，网络活动场所对青少年网络风险认知具有显著性影响。从等级平均值来看，交友社区的最高，达 12 021；新闻组社区的最小，只有 7 502.45。这说明，在青少年看来，交友社区遭遇网络风险的可能性最大，新闻组社区的最小。

在从个人、家庭和社会三个方面对影响青少年网络风险认知的因素逐一进行分析后，考虑到在本研究中对青少年网络风险认知的测量属于定距层次，接下来我们采用多元线性回归的方式，探讨各种因素对青少年网络风险认知的影响。由于多元线性回归分析要求自变量和因变量均为定距或定比变量，虽然因变量青少年网络风险认知符合这个要求，但性别、年龄、地域等并不符合要求，故我们不能直接把这些变量纳入多元线性回归，而是要把不符合要求的自变量转换为虚拟变量，然后再进行多元线性回归分析。虚拟变量的转换结果见表 4.31：

表 4.31　虚拟变量的转换及赋值

变量名称	原赋值	虚拟变量及赋值	参照组
地区	东部=1 中部=2 西部=3	地区$_{虚拟1}$=1代表东部，其他为0 地区$_{虚拟3}$=1代表西部，其他为0	中部
性别	男=1 女=2	性别$_{虚拟}$=1代表男，女为0	女
年龄	12~15岁=1 16~18岁=2 19~24岁=3	年龄$_{虚拟1}$=1代表12-15岁，其他为0 年龄$_{虚拟3}$=1代表19-24岁，其他为0	16~18岁
文化程度	初中及以下=1 高中或中专=2 大专及以上=3	文化程度$_{虚拟1}$=1代表初中及以下，其他为0 文化程度$_{虚拟3}$=1代表大专及以上，其他为0	高中或中专
户籍所在地	城镇=1 农村=2	户籍所在地$_{虚拟}$=1代表城镇，农村为0	农村
身体健康状况	健康=1 一般=2 不健康=3	身体健康状况$_{虚拟1}$=1代表健康，其他为0 身体健康状况$_{虚拟3}$=1代表不健康，其他为0	一般
父亲文化程度	初中及以下=1 高中或中专=2 大专及以上=3	父亲文化程度$_{虚拟1}$=1代表初中及以下，其他0 父亲文化程度$_{虚拟3}$=1代表大专及以上，其他0	高中或中专
父亲职业	非务农者=1 务农者=2 失业、待业者=3	父亲职业$_{虚拟1}$=1代表非务农者，其他为0 父亲职业$_{虚拟3}$=1代表失业、待业者，其他为0	务农者
母亲文化程度	初中及以下=1 高中或中专=2 大专及以上=3	母亲文化程度$_{虚拟1}$=1代表初中及以下，其他为0 母亲文化程度$_{虚拟3}$=1代表大专及以上，其他为0	高中或中专
母亲职业	非务农者=1 务农者=2 失业、待业者=3	母亲职业$_{虚拟1}$=1代表非务农者，其他为0 母亲职业$_{虚拟3}$=1代表失业、待业者，其他为0	务农者

表4.31(续)

变量名称	原赋值	虚拟变量及赋值	参照组
家庭经济状况	平均水平以下=1 平均水平=2 平均水平以上=3	家庭经济状况$_{虚拟1}$=1代表平均水平以下，其他为0 家庭经济状况$_{虚拟3}$=1代表平均水平以上，其他为0	平均水平
家庭社会地位	中层以上=1 中层=2 中层以下=3	家庭社会地位$_{虚拟1}$=1代表中层以上，其他家庭为0 家庭社会地位$_{虚拟3}$=1代表中层以下，其他家庭为0	中层
网龄	1~4年=1 5~8年=2 9~12年=3 13年及以上=4	网龄$_{虚拟1}$=1代表1~4年，其他为0 网龄$_{虚拟2}$=1代表5~8年，其他为0 网龄$_{虚拟3}$=1代表9~12年，其他为0	13年及以上
每日上网时长	1小时以内=1 1~2小时=2 2~3小时=3 3~4小时=4 4小时以上=5	每日上网时长$_{虚拟1}$=1代表1小时以内，其他为0 每日上网时长$_{虚拟2}$=1代表1~2小时，其他为0 每日上网时长$_{虚拟4}$=1代表3~4小时，其他为0 每日上网时长$_{虚拟5}$=1代表4小时以上，其他为0	2~3小时
网络知识	非常丰富=1 比较丰富=2 一般=3 比较欠缺=4 非常欠缺=5	网络知识$_{虚拟1}$=1代表非常丰富，其他为0 网络知识$_{虚拟2}$=1代表比较丰富，其他为0 网络知识$_{虚拟4}$=1代表比较欠缺，其他为0 网络知识$_{虚拟5}$=1代表非常欠缺，其他为0	一般
网络使用熟练程度	非常熟练=1 比较熟练=2 一般=3 不太熟练=4 很不熟练=5	熟练程度$_{虚拟1}$=1代表非常熟练，其他为0 熟练程度$_{虚拟2}$=1代表比较熟练，其他为0 熟练程度$_{虚拟4}$=1代表不太熟练，其他为0 熟练程度$_{虚拟5}$=1代表很不熟练，其他为0	一般

表4.31(续)

变量名称	原赋值	虚拟变量及赋值	参照组
网络信任	非常同意=1 比较同意=2 一般=3 不大同意=4 很不同意=5	网络信任$_{虚拟1}$=1代表非常同意，其他为0 网络信任$_{虚拟2}$=1代表比较同意，其他为0 网络信任$_{虚拟4}$=1代表不大同意，其他为0 网络信任$_{虚拟5}$=1代表很不同意，其他为0	一般
本人网络风险经历	有过=1 没有过=2 不清楚=3	本人网络风险经历$_{虚拟1}$=1代表有过，其他为0 本人网络风险经历$_{虚拟3}$=1代表不清楚，其他为0	没有过
同辈群体网络风险经历	有过=1 没有过=2 不清楚=3	同辈群体网络风险经历$_{虚拟1}$=1代表有过，其他为0 同辈群体网络风险经历$_{虚拟3}$=1代表不清楚，其他为0	没有过
家人网络风险经历	有过=1 没有过=2 不清楚=3	家人网络风险经历$_{虚拟1}$=1代表有过，其他为0 家人网络风险经历$_{虚拟3}$=1代表不清楚，其他为0	没有过
同辈群体网络风险沟通	经常交流=1 偶尔交流=2 从不交流=3	同辈群体网络风险沟通$_{虚拟1}$=1代表经常交流，其他为0 同辈群体网络风险沟通$_{虚拟3}$=1代表经常交流，其他为0	偶尔交流
家庭网络风险教育	经常讲=1 偶尔讲=2 从不讲=3	家庭网络风险教育$_{虚拟1}$=1代表经常讲，其他为0 家庭网络风险教育$_{虚拟3}$=1代表从不讲，其他为0	偶尔讲
网络风险教育参与	参加了=1 没有参加=2	网络风险教育参与$_{虚拟}$=1代表参加了，没有参加为0	没有参加

在将相关变量转换为虚拟变量之后，我们将上述变量及网络风险态度等作为自变量，进行多元线性回归分析，探讨它们对青少年网络风险认知的影响①

---

① 注：传播媒介、网络行为类型和网络活动场所对青少年网络风险认知的影响，因测量方法与其他的有所不同，未将它们放在此处进行回归分析。此外，学校网络风险教育的效果，由于参与回答的人数只有1 272名，与其他变量的统计人数有较大区别，在此也未将其纳入回归分析。

回归分析结果见表 4.32：

表 4.32　个体、家庭和社会等因素对青少年网络风险认知的逐步多元回归摘要

变量	R	R²	增加量（△R²）	F 值	净 F 值（△F）	B	Beta（β）
截距						13.730	
初中 & 高中	0.301	0.090	0.090	128.944***	128.944***	−2.433	−0.270
有过 & 没有过（同辈群体网络风险经历）	0.366	0.134	0.043	100.165***	65.026***	0.945	0.112
东部 & 中部	0.391	0.153	0.019	77.743***	28.630***	−1.088	−0.125
有过 & 没有过（家人网络风险经历）	0.403	0.163	0.010	62.922***	15.797***	0.907	0.109
4 小时以上 &2-3 小时	0.413	0.171	0.008	53.274***	12.456***	0.719	0.071
比较同意 & 一般	0.421	0.177	0.007	46.445***	10.370**	1.252	0.084
男性 & 女性	0.429	0.184	0.007	41.574***	10.334**	−0.769	−0.091
经常交流 & 偶尔交流	0.437	0.191	0.007	37.999***	10.777**	0.967	0.076
很不同意 & 一般	0.442	0.196	0.005	34.876***	8.194**	−0.854	−0.066
比较熟练 & 一般	0.447	0.200	0.004	32.254***	7.161**	0.721	0.086
不太熟练 & 一般	0.453	0.205	0.005	30.214***	8.050**	1.565	0.071
非常同意 & 一般	0.458	0.210	0.005	28.466***	7.545**	2.565	0.068
9-12 年 &13 年及以上	0.462	0.213	0.003	26.795***	5.535*	−0.909	−0.109

表4.32(续)

变量	R	R^2	增加量 ($\triangle R^2$)	F 值	净 F 值 ($\triangle F$)	B	Beta (β)
5–8 年 &13 年及以上	0.465	0.216	0.003	25.293***	4.759*	−0.642	−0.072
从不交流 & 偶尔交流	0.468	0.219	0.003	23.951***	4.255*	−0.746	−0.052

注: * 表示 p<0.05, ** 表示 p<0.01, *** 表示 p< 0.001。

　　总体来看，文化程度、同辈群体网络风险经历、地区、家人网络风险经历、每日上网时长、网络信任、性别、同辈群体网络风险沟通、网络使用熟练程度、网龄等变量对青少年网络风险认知具有显著影响。把表 4.32 和前面单因素方差分析的结果相比较，可以发现，个人因素中的年龄、本人网络风险经历和网络风险态度，家庭因素中的户籍所在地、家庭经济状况和家庭社会地位等六个变量，原来显著的，到了表 4.32 中变得不再显著。造成这种现象的可能原因之一，即各因素间的共线性问题。例如，在采用强迫进入变量的方式进行多元线性回归时发现，文化程度（大学 & 高中）的 VIF 就超过了 10，达11.104，这就意味着文化程度（大学 & 高中）这个变量和其他变量存在共线性问题。其他几个变量，如年龄（19~24 岁 &16~18 岁）、年龄（12~15 岁 &16~18岁）的 VIF 也非常接近 10。在采用逐步多元回归之后，系统会从共线性的变量中自动挑选一个比较重要的进行回归分析，其他的会被排除。在本研究中，年龄和文化程度就高度重合。12~15 岁、16~18 岁和 19~24 岁大致对应初中、高中和大学阶段。最终结果是，文化程度（大学 & 高中）和年龄被排除。

　　根据表 4.33，"初中 & 高中"和"有过 & 没有过（同辈群体网络风险经历）"的 $\triangle R^2$ 值最大，表明文化程度在由初中向高中提升、同辈群体有人有过网络风险经历时，它们对青少年网络风险认知的影响最大。"9~12 岁 &13岁及以上""5~8 岁 &13 岁及以上"和"从不交流 & 偶尔交流"的 $\triangle R^2$ 值均为 0.003，表明网龄和同辈群体间的网络风险沟通虽然都对青少年网络风险认知有显著影响，但相对而言，它们的影响却最小。

　　在个体因素方面，对青少年网络风险认知影响最大的依次是文化程度、每日上网时长、网络信任、性别、网络使用熟练程度和网龄。其中，"初中 & 高中"的标准化回归系数（β）是-0.27，表明相对于具有高中文化程度的青少年而言，具有初中文化的青少年感知到的网络风险更小。或者说，随着文化程度的提升，青少年感知到的网络风险也随之增加。"4小时以上&2~3小时"的标准化回归系数是0.071，表明每日上网时长在4小时以上的青少年感知到的网络风险要显著大于每日上网时长为2~3小时的青少年。在网络信任方面，"比较同意&一般""很不同意&一般"和"非常同意&一般"的β值分别为0.084、-0.066和0.068，这说明，同意网络中的绝大多数人都可以信任的青少年比同意程度一般的青少年感知到的网络风险更大，而很不同意者感知到的网络风险却要比同意程度一般者要小。"男性&女性"的β值为-0.091，说明女性感知到的网络风险要显著大于男性。这一结果和前文的单因素方差分析结果一致。"比较熟练&一般"和"不太熟练&一般"的β值分别为0.086和0.071，说明相对于网络使用熟练程度一般的青少年而言，无论是网络使用比较熟练还是不太熟练的青少年，感知到的网络风险都更大。"9~12年&13年及以上"和"5~8年&13年及以上"的β值分别为-0.109和-0.072，表示无论是网龄在5~8年的还是9~12年的，感知到的网络风险都没有网龄在13年及以上的大。

家庭因素方面，家庭所在区域和家人网络风险经历这两个因素对青少年网络风险认知具有显著影响。其中，"东部&中部"的β值为-0.125，表明东部地区（山东）的青少年感知到的网络风险要显著小于中部地区（河南）青少年。"有过&没有过（家人网络风险经历）"的β值为0.109，证实了家人网络风险经历对青少年网络风险认知的影响。相对于家人没有过网络风险经历的青少年而言，家人有过网络风险经历的青少年感知到的网络风险更大。

社会因素方面，同辈群体网络风险经历和同辈群体网络风险沟通这两个与同辈群体密切相关的因素对青少年网络风险认知具有显著影响。其中，同辈群体网络风险经历对青少年网络风险认知的影响力仅次于文化程度。"有过&没有过（同辈群体网络风险经历）"的β值为0.112，表明同辈群体中有人有过网络风险经历的青少年要比同辈群体中无人有过网络风险经历的青少年，感知到更大的网络风险。"经常交流&偶尔交流"和"从不交流&偶尔交流"的β值分别为0.076和-0.052，表示相对于偶尔交流而言，同辈群体间经常交流的青少年感知到更大的网络风险，而同辈群体间从不交流的青少年，感知到的网络风险相对更小。换句话说，经常交流提升了青少年对网络风险的感知。

最后，将通过的相关检验结果汇总，见表4.33，以便更为清晰地认识哪些因素在影响青少年的网络风险认知。

表 4.33　青少年网络风险认知影响因素的检验结果汇总

影响因素		检验结果
个体因素	性别	性别对青少年网络风险认知具有显著影响，且女性感知到的网络风险要显著大于男性
	文化程度	具有初中文化程度的青少年感知到的网络风险要显著小于具有高中文化程度的青少年
	网龄	网龄在 13 年及以上的青少年感知到的网络风险要显著小于网龄在 5~8 年和 9~12 年的青少年
	每日上网时长	每日上网时长在 4 小时以上的青少年感知到的网络风险要显著大于每日上网时长为 2~3 小时的青少年
	网络使用熟练程度	网络使用比较熟练和不太熟练的青少年感知到的网络风险要显著大于网络使用熟练程度一般的青少年
	网络信任	网络信任度高的青少年感知到的网络风险要显著大于网络信任度一般的青少年，而网络信任度一般的青少年感知到的网络风险又要显著大于网络信任度低的青少年
家庭因素	家庭所在区域	东部地区（山东）的青少年感知到的网络风险要显著小于中部地区（河南）青少年
	家人网络风险经历	家人有过网络风险经历的青少年感知到的网络风险要显著大于家人没有过网络风险经历的青少年
社会因素	同辈群体网络风险经历	同辈群体中有人有过网络风险经历的青少年感知到的网络风险要显著大于同辈群体中无人有过网络风险经历的青少年
	同辈群体网络风险沟通	在网络风险交流方面，同辈群体间经常交流的青少年感知到的网络风险要显著大于同辈群体间偶尔交流的青少年，而同辈群体间偶尔交流的青少年感知到的网络风险又要显著大于同辈群体间不交流的青少年
	媒介传播	媒介传播可强化青少年对网络风险的认知
	学校网络风险教育效果	所在学校网络风险教育效果好的青少年感知到的网络风险要显著小于所在学校网络风险教育效果一般的青少年
	网络行为类型	开展网络活动不同的青少年感知到的网络风险存在显著差异
	网络活动场所	不同网络场所活动的青少年感知到的网络风险存在显著差异

第五章 网络风险认知对青少年网络行为的影响

> 我们将区分四种不同的水平①……每一种分析水平都可以视为一
> 个过滤器,捕捉住了现实的一个方面却遗漏其他方面。所有的科学必
> 然都是抽象的,都无法捕捉全部的现实。局限于单一的理论总会走向
> 穷途末路,因而使用不同分析水平进行补充,以解释特定理论所描绘
> 的过程中的变化常常是必不可少的。
>
> —— [比] 威廉·杜瓦斯

在对青少年网络风险认知的基本状况及影响因素有了一个较为全面和深入
了解之后,接下来这一章将讨论的问题是:青少年对网络风险的认知将对他们
的网络行为产生何种影响? 或者说,不同网络风险认知水平的青少年在网络行
为的表现上是否也不相同? 要回答这一问题,需对青少年网络风险认知水平和
网络行为分别进行测量。关于青少年网络风险认知水平的测量,在第三章中已
有详细论述。在这里,我们依旧以全国抽样调查结果为依据,以青少年网络风
险认知得分的均分为划分标准,将高于平均分的划为高风险认知组,将低于平
均分的划为低风险认知组,由此实现对青少年网络风险认知水平的测量。至于
青少年网络行为,如果脱离具体研究主题,可采用的测量指标很多,如上网时
间、次数和频率等。但一旦把它和某个具体研究主题相结合,可选用的测量指
标瞬间就聚焦起来。在本章,我们旨在探讨网络风险认知对青少年网络行为的
影响。自变量是网络风险认知,因变量是网络行为。对应于网络风险认知,这
里的网络行为更应被理解为网络风险防范行为,或者说,面对网络社会存在的
各种风险,青少年会采取哪些网络安全防范措施? 结合前文在对网络风险认知
进行概念界定时,我们把网络行为区分为信息获取类、交流沟通类、网络娱乐

---

① 四种不同的水平指个体内水平、人际和情景水平、社会位置水平或群体内水平、意识形
态水平或群际水平四种。

类和商务交易类四种不同类型，本章所要讨论的问题又可进一步转化为：不同网络风险认知水平青少年在进行网络信息获取、网络交流沟通、网络娱乐和网络商务交易等活动时，对网络安全防范措施的采取有何不同？

基于文献梳理、对青少年的访谈及课题组成员的共同商讨，在问卷调查中，我们共列出了10项网络安全防范措施，以供被调查者选择。其中的9项分别是：安装杀毒软件、安装防火墙、不连接陌生的无线网络、谨慎访问不熟悉或是不了解的网站、用户注册时谨慎填写真实信息、定期更改密码或设置复杂密码、不向陌生人透露个人隐私、及时清理上网记录、没有采取过任何措施。除此之外，另加一项"其他（请说明）_____"，由被调查者自行填写。在这10项网络安全防范措施中，"没有采取过任何措施"表示不采取任何措施以防范可能出现的网络风险。测量时，这一项记0分。其余9个项目，每项记1分。青少年网络安全防范措施的总分也就在0~9分。采取的措施越多，得分越高，意味着网络风险防范水平越高。如果被调查者不采取任何防范措施，则得分为0。通过这样的方式，我们就实现了对网络安全防范措施采取的测量。

对网络风险认知水平和网络安全防范措施采取之间的关系，我们的一个基本假设是：网络风险认知水平越高，越清楚网络风险所在，采取的网络安全防范措施越多，其网络安全防范措施的得分也就越高。或者说，高风险认知组青少年在网络安全防范措施采取上的得分要显著高于低风险认知组。

虽然网络信息获取、网络交流沟通、网络娱乐和网络商务交易是日常生活中常见的四种网络行为，但受自身身心发展特点和家庭环境等主客观因素影响，未必每位青少年都曾经有过这四种网络行为。如果青少年没有经历过我们所列四种网络行为中的一种或是多种，那么，也就无从论及网络风险认知对他们此类行为的影响。故此，在问卷中我们专门设置了一个问题，用来询问被调查者是否曾经有过相应的网络行为。如在网络信息获取行为方面，我们的问题是：您是否通过网络进行过信息获取（如浏览新闻、通过百度进行信息搜索等）？如果被调查者回答"是"，则继续回答在进行信息获取时，他们采取过哪些网络安全防护措施。如果被调查者回答"否"，则意味对网络信息获取行为的回答完成，直接进入到下一题即对网络交流沟通行为的回答当中。

通过调查发现，在总共1898个样本中，曾经有过网络信息获取行为的最多，达1860位，占总样本的98%；有过网络交流沟通行为的1845位，占总样本的97.2；有过网络娱乐行为的1775位，占总样本的93.5%；有过网络商务交易的最少，仅1452位，占总样本的76.5%。在分析网络风险认知对青少年不同类型网络行为的影响时，我们以有过相应网络行为的青少年而不是全部的 1 898 位青少年的调查数据为准。

一、对网络信息获取行为的影响

（一）网络风险认知水平对网络信息获取时安全防范措施采取的影响

首先，我们对不同网络风险认知水平的青少年的网络安全防范措施得分进行正态性检验。经 K-S 检验，无论是高风险认知组还是低风险认知组，数据分布均不符合正态分布。故采用非参数检验中的 Mann-Whitney U 秩和检验方法，对高风险认知组和低风险认知组在网络安全防范措施上的得分进行差异检验，结果见表 5.1、表 5.2：

表 5.1　不同网络风险认知组的相关统计资料

	x	观测值	等级平均值	等级之和
y₁	0	950	897. 61	852 725. 50
	1	910	964. 84	878 004. 50
	总计	1 860		

注：（1）x 表示网络风险认知水平，y₁ 表示在进行网络信息获取时采取的网络安全防范措施得分；（2）0 代表低风险认知组，1 代表高风险认知组。

表 5.2　Mann-Whitney U 秩和检验结果

	y1
Mann-Whitney U	401 000. 500
Wilcoxon W	852 725. 500
Z	−2. 726
渐近显著性（双尾）	0. 006

由表 5.2 可知，P 值等于 0.006，小于 0.05，差异显著。故高风险认知组青少年和低风险认知组青少年在网络安全防范措施的得分上存在显著差异。结合表 5.1 中的等级平均值和表 5.2 中的 Z 值来看，还可进一步看出，高风险认知组青少年的网络安全防范措施得分要显著高于低风险认知组，即高风险认知组青少年采取的网络安全防范措施数量要显著多于低风险认知组。

（二）性别、年龄等的调节效应

网络风险认知水平对青少年网络信息获取时网络安全防范措施的采取具有显著影响，但这种影响会不会因性别、年龄等因素而发生变化？换句话说，性别、年龄等因素是否会在这种影响中起调节作用，这是本节我们所要关注的。对调节变量的选择，一方面基于已有文献资料。如已有文献资料显示，网络行为受到性别、年龄和文化程度等因素影响。我们想知道的是，这些因素有无可能在这里继续发挥调节效应？另一方面，基于前期的个案访谈，提炼出可能起调节作用的变量。经过汇总、比较和选择，我们最终遴选了性别、年龄、文化程度、家庭经济状况、家庭社会地位和地区六个变量，欲探查他们在网络风险认知水平对网络安全防范措施采取的影响中的调节效应。变量及变量的赋值如表 5.3 所示：

表 5.3　调节变量及变量的赋值①

变量	赋值	备注
性别	男 = 1，女 = 0	
年龄	12~15 岁 = 1，16~18 岁 = 2，19~24 岁 = 3	
文化程度	初中 = 1，高中 = 2，大学 = 3	
家庭经济状况	平均水平以下 = 1，平均水平 = 2，平均水平以上 = 3	将"远低于平均水平"和"低于平均水平"合并为平均水平以下，将"远高于平均水平"和"高于平均水平"合并为平均水平以上
家庭社会地位	中层以上 = 1，中层 = 2，中层以下 = 3	将原始问卷中的"上层"和"中上层"合并为中层以上、"下层"和"中下层"合并为中层以下
地区	山东 = 1，河南 = 2，重庆 = 3	

下面分别以性别、年龄、文化程度、家庭经济状况、家庭社会地位和地区为调节变量，探讨网络风险认知水平对青少年网络信息获取时网络安全防范措施采取的影响。由于在本研究中，我们对网络安全防范措施的采取是在定距层

---

① 特别说明：在后面有关网络风险认知对其他类型网络行为影响的探讨中，有关调节变量的赋值与此相同。

次进行的测量，故这里采用 Stata 统计软件。先对数据进行中心化处理，再运用多元线性回归的方法，通过生成交互项纳入模型的方式，得到的结果如表 5.4 所示①：

表 5.4 对网络信息获取行为影响的调节效应分析

	模型一	模型二	模型三	模型四	模型五	模型六
网络风险认知水平	0.435 *** (0.125)	-0.151 (0.180)	-0.034 (0.196)	0.428 *** (0.115)	0.498 *** (0.128)	-0.305 (0.161)
性别（以女性为参照）	0.372 ** (0.138)					
网络风险认知水平（性别）	-0.312 (0.195)					
年龄（以 16~18 岁为参照）						
12~15 岁		0.417 * (0.167)				
19~24 岁		-0.955 *** (0.173)				
网络风险认知水平与年龄交互项［以网络风险认知水平（16~18 岁）为参照]						
网络风险认知水平（12~15 岁）		0.091 (0.263)				
网络风险认知水平（19~24 岁）		1.293 *** (0.230)				
文化程度（以高中为参照）						
初中			0.622 *** (0.174)			

---

① 注：后面在分析性别、年龄等变量在其他网络行为中的调节作用时，均采用与此相同的方法。

表5.4(续)

	模型一	模型二	模型三	模型四	模型五	模型六
大学			−0.703*** (0.179)			
网络风险认知水平与文化程度交互项〔以网络风险认知水平(高中)为参照〕						
网络风险认知水平(初中)			−0.006 (0.270)			
网络风险认知水平(大学)			1.064*** (0.240)			
家庭经济状况(以平均水平为参照)						
平均水平以下				0.100 (0.166)		
平均水平以上				0.969*** (0.228)		
网络风险认知水平与家庭经济状况交互项〔以网络风险认知水平(平均水平)为参照〕						
网络风险认知水平(平均水平以下)				−0.288 (0.225)		
网络风险认知水平(平均水平以上)				−0.916** (0.343)		
家庭社会地位(以中层为参照)						
中层以上					0.825*** (0.207)	

表5.4(续)

	模型一	模型二	模型三	模型四	模型五	模型六
中层以下					0.178 (0.149)	
网络风险认知水平与家庭社会地位交互项[以网络风险认知水平（中层）为参照]						
网络风险认知水平（中层以上）					-0.842** (0.313)	
网络风险认知水平（中层以下）					-0.379 (0.205)	
地区（以河南为参照）						
山东						-0.201 (0.172)
重庆						-0.085 (0.168)
网络风险认知水平与地区交互项[以网络风险认知水平（河南）为参照]						
网络风险认知水平（山东）						0.925*** (0.240)
网络风险认知水平（重庆）						0.864*** (0.223)
常数项	4.373*** (0.096)	4.717*** (0.131)	4.555*** (0.141)	4.444*** (0.083)	4.404*** (0.093)	4.665*** (0.125)
N	1 860	1 860	1 860	1 860	1 860	1 860
R^2	0.009	0.050	0.050	0.015	0.014	0.021

注：* 表示 $p<0.05$，** 表示 $p<0.01$，*** 表示 $p<0.001$。

（1）性别方面。网络风险认知水平与性别的交互项系数为 -0.312，在

0.05 的水平上不具有显著意义。这表明，网络风险认知水平对青少年网络信息获取时网络安全防范措施采取的影响，在不同性别上不存在显著差异。

（2）年龄方面。网络风险认知水平与 12~15 岁组的交互项系数为 0.091，在 0.05 水平上不具有显著意义；与 19~24 岁组的交互项系数为 1.293，在 0.001 的水平上具有显著性。这表明，网络风险认知水平对青少年网络信息获取时网络安全防范措施采取的影响，在 12~15 岁和 16~18 岁这两个年龄组上不存在显著差异，而对 19~24 岁组的影响要显著大于 16~18 岁组。

（3）文化程度方面。网络风险认知水平与初中的交互项系数为 -0.006，在 0.05 水平上不具显著性；与大学的交互项系数为 1.064，在 0.001 的水平上具有显著性。这表明，网络风险认知水平对网络信息获取时网络安全防范措施采取的影响，在文化程度为初中和高中的青少年之间不存在显著差异，对文化程度为大学的青少年的影响则要显著大于文化程度为高中的青少年。这一点和我们刚刚对年龄的分析结果基本一致。因为 12~15 岁组的青少年大体处在初中，16~18 岁组的大体处在高中，而 19~24 岁组的则大体处在我们这里所说的大学。

（4）家庭经济状况方面。网络风险认知水平与家庭经济平均水平以下的交互项系数为 -0.288，在 0.05 的水平上不具显著性；与家庭经济平均水平以上的交互项系数为 -0.916，在 0.01 的水平上具有显著性。这表明，网络风险认知水平对网络信息获取时网络安全防范措施采取的影响，在家庭经济处于平均水平和平均水平以下的青少年之间，不具显著差异，而对家庭经济处在平均水平的青少年的影响要显著大于家庭经济平均水平以上的青少年。

（5）家庭社会地位方面。网络风险认知水平与中层以上的交互项系数为 -0.842，在 0.01 的水平上具有显著性；与中层以下的交互项系数为 -0.379，在 0.05 的水平上没有显著意义。这表明，网络风险认知水平对青少年在网络信息获取时网络安全防范措施采取的影响，家庭社会地位处于中层的要显著大于家庭社会地位处于中层以上的，家庭社会地位处于中层的和中层以下的之间差异则不显著。

（6）地区方面。网络风险认知水平与山东、重庆的交互项系数分别为 0.925 和 0.864，均在 0.001 的水平上具有显著性。这表明，网络风险认知水平对山东和重庆地区青少年网络信息获取时网络安全防范措施采取的影响，要显著大于河南地区的青少年。也可以说，在山东、河南与重庆这三者当中，网络风险认知水平对河南地区青少年网络信息获取时网络安全防范措施采取的影响最小。

二、对网络交流沟通行为的影响

（一）网络风险认知水平对网络交流沟通时安全防范措施采取的影响

运用 K–S 检验方法，在对高风险认知组和低风险认知组两组青少年的网络安全防范措施得分进行正态性检验后发现，两组数据均不符合正态分布。故这里同样采用 Mann–Whitney U 秩和检验方法对不同网络风险认知水平的青少年在网络安全防范措施上的得分进行差异性检验。检验结果如表 5.5、表 5.6所示：

表 5.5　不同网络风险认知组的相关统计资料

	x	观测值	等级平均值	等级之和
y_2	0	942	899.06	846 918.00
	1	903	947.97	856 017.00
	总计	1 845		

注：（1）x 表示网络风险认知水平，y_2 表示在进行网络交流沟通时采取的网络安全防范措施得分；（2）0 代表低风险认知组，1 代表高风险认知组。

表 5.6　Mann–Whitney U 秩和检验结果

	y2
Mann–Whitney U	402 765.000
Wilcoxon W	846 918.000
Z	−1.989
渐近显著性（双尾）	0.047

由表 5.6 可知，P 值 0.047，小于 0.05，可以认为差异显著。故高风险认知组青少年和低风险认知组青少年在网络安全防范措施上的得分存在显著差异。结合表 5.5 中的等级平均值和表 5.6 中的 Z 值，还可进一步看出，在采取的网络安全防范措施数量上，高风险认知组青少年要显著低于低风险认知组青少年。

（二）性别、年龄等的调节效应

这里分别以性别、年龄、文化程度、家庭经济状况、家庭社会地位和地区为调节变量，探讨网络风险认知水平对青少年网络交流沟通时网络安全防范措施采取的影响。所得结果如表5.7所示：

表5.7　对网络交流沟通行为影响的调节效应分析

	模型一	模型二	模型三	模型四	模型五	模型六
网络风险认知水平	0.263 (0.138)	-0.430* (0.197)	-0.324 (0.216)	0.326** (0.126)	0.366** (0.140)	-0.128 (0.174)
性别（以女性为参照）	0.235 (0.149)					
网络风险认知水平（性别）	-0.141 (0.214)					
年龄（以16~18岁为参照）						
12~15岁		0.359 (0.191)				
19~24岁		-0.722*** (0.185)				
网络风险认知水平与年龄交互项[以网络风险认知水平（16~18岁）为参照]						
网络风险认知水平（12~15岁）		0.340 (0.294)				
网络风险认知水平（19~24岁）		1.448*** (0.247)				
文化程度（以高中为参照）						
初中			0.539** (0.201)			
大学			-0.446* (0.195)			
网络风险认知水平与文化程度交互项[以网络风险认知水平（高中）为参照]						
网络风险认知水平（初中）			0.261 (0.303)			

表5.7(续)

	模型一	模型二	模型三	模型四	模型五	模型六
网络风险认知水平（大学）			1.194*** (0.260)			
家庭经济状况（以平均水平为参照）						
平均水平以下				0.084 (0.184)		
平均水平以上				0.606* (0.265)		
网络风险认知水平与家庭经济状况交互项［以网络风险认知水平（平均水平）为参照］						
网络风险认知水平（平均水平以下）				-0.399 (0.249)		
网络风险认知水平（平均水平以上）				-0.519 (0.389)		
家庭社会地位（以中层为参照）						
中层以上					0.622** (0.240)	
中层以下					0.238 (0.161)	
网络风险认知水平与家庭社会地位交互项［以网络风险认知水平（中层）为参照］						
网络风险认知水平（中层以上）					-0.503 (0.350)	
网络风险认知水平（中层以下）					-0.390 (0.224)	

表5.7(续)

	模型一	模型二	模型三	模型四	模型五	模型六
地区（以河南为参照）						
山东						0.031 (0.185)
重庆						0.009 (0.182)
网络风险认知水平与地区交互项[以网络风险认知水平（河南）为参照]						
网络风险认知水平（山东）						0.610* (0.260)
网络风险认知水平（重庆）						0.428 (0.247)
常数项	3.962*** (0.105)	4.191*** (0.146)	4.026*** (0.160)	4.003*** (0.089)	3.935*** (0.099)	4.063*** (0.134)
N	1 845	1 845	1 845	1 845	1 845	1 845
R^2	0.003	0.034	0.032	0.007	0.007	0.009

注：* 表示 $p<0.05$，** 表示 $p<0.01$，*** 表示 $p<0.001$。

（1）性别方面。网络风险认知水平和性别的交互项系数为 -0.141，在 0.05 的水平上不具有显著性。故而可认为，网络风险认知水平对青少年网络交流沟通时网络安全防范措施采取的影响，在不同性别上不存在显著差异。

（2）年龄方面。网络风险认知水平与12~15岁组的交互项系数为0.340，在 0.05 的水平上不具有显著性；与19~24岁组的交互项系数为1.448，具有极其显著的意义。故而，网络风险认知水平对青少年网络交流沟通时网络安全防范措施采取的影响，在12~15岁组和16~18岁组这两个组别上不存在显著差异，而对19~24岁组青少年的影响，则要显著大于16~18岁组。

（3）文化程度方面。网络风险认知水平与初中的交互项系数为0.261，在 0.05 水平上不具有显著性；与大学的交互项系数1.194，具有极其显著性。这表明，网络风险认知水平对网络交流沟通时网络安全防范措施采取的影响，在文化程度为初中和高中的青少年之间不存在显著差异，而对文化程度为大学的青少年的影响，要显著大于文化程度为高中的青少年。

（4）家庭经济状况方面。网络风险认知水平与平均水平以下和平均水以上的交互项系数分别为-0.399和-0.519，在0.05的检测水平上均不具有显著性。这表明，相对于家庭经济处于平均水平的青少年而言，无论是家庭经济低于还是高于平均水平的，网络风险认知水平对他们网络交流沟通时网络安全防范措施采取的影响，都不具有显著差异。

（5）家庭社会地位方面。网络风险认知水平与家庭社会地位处于中层以上和中层以下的交互项系数分别为-0.503和-0.390，在0.05的水平上均不具有显著意义。这表明，相对于家庭社会地位处于中层的青少年而言，无论是家庭社会地位处于中层以上还是中层以下的，网络风险认知水平对他们网络交流沟通时网络安全防范措施采取的影响，都不具显著差异。

（6）地区方面。网络风险认知水平与山东的交互项系数为0.610，在0.05的水平上具有显著性；与重庆的交互项系数为0.428，在0.05的水平上不具有显著性。这表明，网络风险认知水平对山东地区青少年网络交流沟通时网络安全防范措施采取的影响，要显著大于河南地区的青少年，而对重庆与河南两地青少年的影响则不具有显著差异。

三、对网络娱乐行为的影响

（一）网络风险认知水平对网络娱乐时安全防范措施采取的影响

K-S检验的结果表明，高风险认知组和低风险认知组两组青少年的网络安全防范措施得分均不符合正态分布，故我们继续采用Mann-Whitney U秩和检验方法对不同网络风险认知水平青少年在进行网络娱乐时网络安全防范措施采取的得分进行差异性检验。检验结果如表5.8、表5.9所示：

表5.8　不同网络风险认知组的相关统计资料

	x	观测值	等级平均值	等级之和
y_3	0	894	864.51	772 873.50
	1	881	911.83	803 326.50
	总计	1 775		

注：（1）x表示网络风险认知水平，y_3表示在进行网络娱乐时采取的网络安全防范措施得分；（2）0代表低风险认知组，1代表高风险认知组。

表 5.9 Mann-Whitney U 秩和检验结果

	y3
Mann-Whitney U	372 808.500
Wilcoxon W	772 873.500
Z	-1.961
渐近显著性（双尾）	0.049

由表 5.9 可知，P 值小于 0.05，故可从统计学上认为差异显著，即高风险认知组青少年和低风险认知组青少年在网络娱乐时网络安全防范措施的采取上存在显著差异。结合表 5.8 中的等级平均值和表 5.9 中的 Z 值，还可进一步看出，高风险认知组青少年网络娱乐时采取的网络安全防范措施数量要显著多于低风险认知组。

（二）性别、年龄等的调节效应

这里分别以性别、年龄、文化程度、家庭经济状况、家庭社会地位和地区为调节变量，探讨网络风险认知水平对青少年网络娱乐时网络安全防范措施采取的影响。所得结果如表 5.10 所示：

表 5.10 对网络娱乐行为影响的调节效应分析

	模型一	模型二	模型三	模型四	模型五	模型六
网络风险认知水平	0.345* (0.147)	-0.431* (0.204)	-0.341 (0.223)	0.308* (0.133)	0.349* (0.146)	-0.177 (0.186)
性别（以女性为参照）	0.329* (0.156)					
网络风险认知水平（性别）	-0.266 (0.223)					
年龄（以 16~18 岁为参照）						
12~15 岁		0.449* (0.195)				
19~24 岁		-0.853*** (0.192)				

表5.10(续)

	模型一	模型二	模型三	模型四	模型五	模型六
网络风险认知水平与年龄交互项〔以网络风险认知水平（16～18岁）为参照〕						
网络风险认知水平（12～15岁）		0.251 (0.307)				
网络风险认知水平（19～24岁）		1.596*** (0.259)				
文化程度（以高中为参照）						
初中			0.670** (0.204)			
大学			−0.522* (0.203)			
网络风险认知水平与文化程度交互项〔以网络风险认知水平（高中）为参照〕						
网络风险认知水平（初中）			0.222 (0.314)			
网络风险认知水平（大学）			1.348*** (0.272)			
家庭经济状况（以平均水平为参照）						
平均水平以下				0.006 (0.190)		
平均水平以上				0.671* (0.280)		

表5.10(续)

	模型一	模型二	模型三	模型四	模型五	模型六
网络风险认知水平与家庭经济状况交互项[以网络风险认知水平（平均水平）为参照]						
网络风险认知水平（平均水平以下）				−0.218 (0.262)		
网络风险认知水平（平均水平以上）				−0.491 (0.401)		
家庭社会地位（以中层为参照）						
中层以上					0.699** (0.251)	
中层以下					0.155 (0.171)	
网络风险认知水平与家庭社会地位交互项[以网络风险认知水平（中层）为参照]						
网络风险认知水平（中层以上）					−0.677 (0.368)	
网络风险认知水平（中层以下）					−0.205 (0.238)	
地区（以河南为参照）						
山东						0.020 (0.197)
重庆						0.150 (0.193)

表5.10(续)

	模型一	模型二	模型三	模型四	模型五	模型六
网络风险认知水平与地区交互项［以网络风险认知水平（河南）为参照］						
网络风险认知水平（山东）						0.858** (0.276)
网络风险认知水平（重庆）						0.436 (0.260)
常数项	3.935*** (0.111)	4.228*** (0.148)	4.031*** (0.163)	4.034*** (0.093)	3.971*** (0.103)	4.042*** (0.145)
N	1 775	1 775	1 775	1 775	1 775	1 775
R^2	0.005	0.042	0.040	0.007	0.007	0.014

注：* 表示 $p<0.05$，** 表示 $p<0.01$，*** 表示 $p<0.001$。

（1）性别方面。网络风险认知水平和性别的交互项系数为-0.266，在0.05的水平上不具有显著性。故而可认为，网络风险认知水平对青少年网络娱乐时网络安全防范措施采取的影响，在不同性别上不存在显著差异。

（2）年龄方面。网络风险认知水平与12~15岁组的交互项系数为0.251，在0.05的水平上不具有显著性；与19~24岁组的交互项系数为1.596，具有极其显著意义。故而，网络风险认知水平对青少年网络娱乐时网络安全防范措施采取的影响，在12~15岁组和16~18岁组这两个组别上不存在显著差异，而对19~24岁组的影响则要显著大于16~18岁组。

（3）文化程度方面。网络风险认知水平与初中的交互项系数为0.222，在0.05水平上不具有显著性；与大学的交互项系数为1.348，具有极其显著性。这表明，网络风险认知水平对网络娱乐时网络安全防范措施采取的影响，在文化程度为初中和高中的青少年之间不存在显著差异，而对文化程度为大学的青少年的影响，则要显著大于文化程度为高中的青少年。

（4）家庭经济状况方面。网络风险认知水平与家庭经济平均水平以下和平均水平以上的交互项系数分别为-0.218和-0.491，在0.05的水平上均不具有显著性。这表明，相对于家庭经济处于平均水平的青少年而言，无论家庭经济是低于还是高于平均水平的，网络风险认知水平对他们网络娱乐时网络安全防范措施采取的影响，都不具有显著差异。

（5）家庭社会地位方面。网络风险认知水平与家庭社会地位处于中层以上和中层以下的交互项系数分别为-0.677和-0.205，在0.05的水平上均不具有显著性。这表明，网络风险认知水平对网络娱乐时网络安全防范措施采取的影响，在家庭社会地位处于中层的青少年和家庭社会地位处于中层以上或是中层以下的青少年之间，均不具有显著差异。

（6）地区方面。网络风险认知水平与山东的交互项系数为0.858，在0.01的水平上具有显著性。这表明，网络风险认知水平对山东地区青少年网络娱乐时网络安全防范措施采取的影响，要显著大于河南地区的青少年。而网络风险认知水平与重庆的交互项系数为0.436，在0.05的水平上不具有显著性。这表明，网络风险认知水平对网络娱乐时网络安全防范措施采取的影响，在河南与重庆两地的青少年之间不具有显著差异。

四、对网络商务交易行为的影响

（一）网络风险认知水平对网络商务交易时安全防范措施采取的影响

我们同样先对青少年网络商务交易时采取的网络安全防范措施得分进行正态检验。在运用K-S检验方法，证实高风险认知组和低风险认知组两组青少年的网络安全防范措施得分均不符合正态分布的情况下，我们继续采用Mann-Whitney U秩和检验方法对不同网络风险认知水平青少年在网络商务交易时网络安全防范措施上的得分进行差异性检验。检验结果如表5.11、表5.12所示。

表5.11 不同网络风险认知组的相关统计资料

	x	观测值	等级平均值	等级之和
y_4	0	689	702.02	483 695.00
	1	763	748.60	571 183.00
	总计	1 452		

注：（1）x表示网络风险认知水平，y_4表示在进行网络娱乐时采取的网络安全防范措施得分；（2）0代表低风险认知组，1代表高风险认知组。

表 5.12 Mann-Whitney U 秩和检验结果

	y4
Mann-Whitney U	245 990.000
Wilcoxon W	483 695.000
Z	-2.131
渐近显著性（双尾）	0.033

由表 5.12 可知，P 值等于 0.033，小于 0.05，差异显著。故高风险认知组青少年和低风险认知组青少年在网络娱乐时网络安全防范措施的采取上存在显著差异。结合表 5.11 中的等级平均值和表 5.12 中的 Z 值，还可进一步看出，高风险认知组青少年采取的网络安全防范措施数量要显著多于低风险认知组。

（二）性别、年龄等的调节效应

这里分别以性别、年龄、文化程度、家庭经济状况、家庭社会地位和地区为调节变量，探讨网络风险认知水平对青少年网络商务交易时网络安全防范措施采取的影响。所得结果如表 5.13 所示：

表 5.13 对网络商务交易行为影响的调节效应分析

	模型一	模型二	模型三	模型四	模型五	模型六
网络风险认知水平	0.426** (0.160)	-0.525* (0.236)	-0.361 (0.255)	0.440** (0.148)	0.458** (0.162)	-0.218 (0.225)
性别（以女性为参照）	0.605*** (0.180)					
网络风险认知水平（性别）	-0.289 (0.247)					
年龄（以 16~18 岁为参照）						
12~15 岁		0.500* (0.244)				
19~24 岁		-0.872*** (0.217)				

表5.13(续)

	模型一	模型二	模型三	模型四	模型五	模型六
网络风险认知水平与年龄交互项〔以网络风险认知水平（16～18岁）为参照〕						
网络风险认知水平（12～15岁）		-0.046 (0.375)				
网络风险认知水平（19～24岁）		1.730*** (0.285)				
文化程度（以高中为参照）						
初中			0.747** (0.254)			
大学			-0.521* (0.231)			
网络风险认知水平与文化程度交互项〔以网络风险认知水平（高中）为参照〕						
网络风险认知水平（初中）			-0.134 (0.389)			
网络风险认知水平（大学）			1.391*** (0.300)			
家庭经济状况（以平均水平为参照）						
平均水平以下				0.253 (0.221)		
平均水平以上				1.077*** (0.289)		

表5.13(续)

	模型一	模型二	模型三	模型四	模型五	模型六
网络风险认知水平与家庭经济状况交互项[以网络风险认知水平（平均水平）为参照]						
网络风险认知水平（平均水平以下）				-0.413 (0.293)		
网络风险认知水平（平均水平以上）				-0.844* (0.418)		
家庭社会地位（以中层为参照）						
中层以上					0.680* (0.278)	
中层以下					0.241 (0.203)	
网络风险认知水平与家庭社会地位交互项[以网络风险认知水平（中层）为参照]						
网络风险认知水平（中层以上）					-0.635 (0.392)	
网络风险认知水平（中层以下）					-0.375 (0.270)	
地区（以河南为参照）						
山东						-0.431 (0.237)
重庆						0.302 (0.229)

表5.13(续)

	模型一	模型二	模型三	模型四	模型五	模型六
网络风险认知水平与地区交互项［以网络风险认知水平（河南）为参照］						
网络风险认知水平（山东）						1.245*** (0.313)
网络风险认知水平（重庆）						0.201 (0.296)
常数项	4.033*** (0.123)	4.552*** (0.177)	4.331*** (0.196)	4.155*** (0.109)	4.159*** (0.118)	4.385*** (0.183)
N	1 452	1 452	1 452	1 452	1 452	1 452
R^2	0.013	0.048	0.042	0.013	0.008	0.023

注:* 表示 $p<0.05$，** 表示 $p<0.01$，*** 表示 $p<0.001$。

（1）性别方面。网络风险认知水平和性别的交互项系数为-0.289，在0.05的水平上不具有显著性。故而可认为，网络风险认知水平对青少年网络商务交易时网络安全防范措施采取的影响，在不同性别上不存在显著差异。

（2）年龄方面。网络风险认知水平与12~15岁组的交互项系数为-0.046，在0.05的水平上不具有显著性；与19~24岁组的交互项系数为1.730，具有极其显著意义。故而，网络风险认知水平对青少年网络商务交易时网络安全防范措施采取的影响，在12~15岁组和16~18岁组这两个组别上不存在显著差异，而对19~24岁组青少年的影响，则要显著大于16~18岁组。

（3）文化程度方面。网络风险认知水平与初中的交互项系数为-0.134，在0.05水平上不具有显著性；与大学的交互项系数为1.391，具有极其显著性。这表明，网络风险认知水平对青少年网络商务交易时网络安全防范措施采取的影响，在文化程度为初中和高中的青少年之间不存在显著差异，而对文化程度为大学的青少年的影响，则要显著大于文化程度为高中的青少年。

（4）家庭经济状况方面。网络风险认知水平与家庭经济平均水平以下的交互项系数为-0.413，在0.05水平上不具有显著意义；与家庭经济平均水平以上的交互项系数为-0.844，在0.05水平上具有显著意义。这表明，网络风险认知水平对网络商务交易时网络安全防范措施采取的影响，在家庭经济状况处于平均水平和平均水平以下的青少年之间，不存在显著差异，而对家庭经济状况处于平均水平的青少年的影响，则要显著大于家庭经济状况平均水平以上的青少年。

（5）家庭社会地位方面。网络风险认知水平与家庭社会地位处于中层以上和中层以下的交互项系数分别为-0.635和-0.375，在0.05的水平上均不具有显著性。这表明，网络风险认知水平对家庭社会地位处于中层的青少年在网络商务交易时网络安全防范措施采取的影响，与家庭社会地位处于中层以上和中层以下的青少年之间不存在显著差异。

（6）地区方面。网络风险认知水平与山东的交互项系数为1.245，在0.001的水平上具有显著性；与重庆的交互项系数为0.201，在0.05的水平上不具有显著性。这表明，网络风险认知水平对山东地区青少年网络商务交易时网络安全防范措施采取的影响，要显著大于河南地区的青少年。而在重庆与河南两地青少年之间，影响则不显著。

至此，我们完成了有关网络风险认知对青少年网络行为影响的初步探讨。从这一探讨中，我们发现，青少年网络风险认知对其不同类型网络行为影响，既有相同点，也有不同之处。为对影响的异同点有更为清晰的认识，接下来我们对此进行必要的回顾与分析。

经梳理发现，相同点主要有：第一，不同网络风险认知水平青少年在网络信息获取、网络交流沟通、网络娱乐和网络商务交易时网络安全防范措施的得分之间均存在显著差异，且高风险认知组青少年在网络安全防范措施上的得分均要显著高于低风险认知组。这证实了网络风险认知与网络风险防范行为即我们这里所说的网络安全防范措施采取之间存在内在关系，也证实了当初我们对网络风险认知与网络风险防范行为之间存在内在关系的设想。且网络风险认知对网络防范行为的影响是正向的，即网络风险认知水平越高，采取的网络风险防范行为也越多。这提醒我们，要增强青少年的网络风险防范能力，一个有效的途径即提升他们的网络风险认知水平。第二，性别的调节效应均不显著。虽然不同性别青少年在网络风险认知上存在显著差异，但这种差异却并未体现在网络安全防范措施的采取上，这是一个非常有趣也值得关注的现象。造成这种现象的一个可能原因即在于，虽然男性和女性在网络风险认知上存在差别，但受各种因素影响，如学校教育和网络知识的普及等，使得他们在一些常规的网络安全防范措施的采取上不存在显著差异。第三，网络风险认知对青少年网络安全防范措施采取的影响，在12~15岁组和16~18岁组之间无显著差异，而对19~24岁组的影响均要显著大于16~18岁组。与此相对应的是，网络风险认知对网络安全防范措施采取的影响，在文化程度为初中和文化程度为高中的青少年之间无显著差异，而对文化程度为大学的青少年的影响要显著大于文化程度为高中的青少年。由于 12~15 岁组主要处在初中阶段、16~18 岁组主要处在高中阶段，而 19~24 岁组主要处在大学阶段，所以，这两个调查结果基本一致。从前面的分析中我们已知，初中生中低风险认知组的要显著多于高风险认知组的，而到了高中阶段，高风险认知组的则要显著多于低风险认知组的。初中生和高中生的网络风险认知尽管存在显著差异，但这种差异还没有反映到网络风险防范行为上。到了大学阶段，不仅网络风险认知之间存在显著差异，而且这种差异在网络风险防范行为上也有了明显体现。由此可以看出，青少年的网络风险认知从初中到高中开始分野。而从高中到大学后，不仅网络风险认知有了显著变化，而且网络风险防范行为也有了极大变化。所以，从高中到大学，是认识青少年网络风险认知及其对网络行为影响的一个重要节点。之所以发生这样的变化，除青少年身心发展更加成熟之外，还与中学与大学的教育模式、教育使命等有关。如在中学阶段，对青少年而言，一个重要的学习任务即考大学。而到了大学阶段，学习的目标不再如此清晰可见。再加上课余学习时间相对较多，对社会的接触也愈加广泛和深入，在网络风险认知和网络防范行为上有较大变化也就不足为奇。

　　不同点主要体现在家庭经济状况、家庭社会地位和地区的调节效应上。具体来说，有如下几点：第一，网络风险认知水平对网络交流沟通和网络娱乐时网络安全防范措施采取的影响，在家庭经济处于平均水平和家庭经济高于或低于平均水平的青少年之间，均无显著性差异。但网络风险认知水平对网络信息获取和网络商务交易时网络安全防范措施采取的影响，虽然家庭经济处于平均水平和家庭经济处于平均水平以下的青少年之间依然无显著差异，但对家庭经济处于平均水平的青少年的影响却要显著大于家庭经济处于平均水平以上的青少年。这表明，尽管在大多数情况下，家庭经济状况在网络风险认知水平和网络安全防范措施的采取之间都不具调节效应。但在特定条件下，其依然可以发挥调节作用。第二，家庭社会地位是与家庭经济状况相关但又不相同的一个概念。除了网络信息获取时，家庭社会地位在中层以上与中层之间具有调节效应之外，在其他的相关统计中都未发现家庭社会地位的调节效应。这表明，除个别情况外，家庭社会地位在网络风险认知水平对青少年网络安全防范措施采取的影响中，并不发挥调节作用。第三，网络风险认知水平对山东地区青少年网络安全防范措施采取的影响，均要显著高于河南地区青少年；对重庆与河南地区青少年的影响大多数情况下均无显著差异，只是在网络信息获取时，对重庆地区青少年的影响要显著大于河南地区青少年。前面在探讨网络风险认知时，我们已多次看出河南与山东青少年之间的差异。而网络风险认知水平对青少年网络安全防范措施采取的影响上，山东与河南地区青少年依然具有显著差异。而重庆与河南之间的差异则不如山东与河南之间的差异明显。这既反映出东、中、西地区青少年网络风险认知的差异，也揭示出东、中之间的差异要大于中、西之间的差异。

为直观了解性别、年龄等变量在对不同类型网络行为影响中所起的调节效应，现将相关分析结果汇总，如表5.14所示：

表5.14　性别、年龄等的调节效应分析汇总

调节变量 ＼ 影响	对网络信息获取行为的影响	对网络交流沟通行为的影响	对网络娱乐行为的影响	对网络商务交易行为的影响
性别	不同性别间的差异均不显著			
年龄	16~18岁组和12~15岁组之间差异不显著，和19~24岁组之间差异显著			
文化程度	初中和高中之间差异不显著；高中和大学之间差异显著			
家庭经济状况	平均水平和平均水平以下之间差异不显著，和平均水平以上间差异显著	平均水平和平均水平以下、平均水平以上之间差异均不显著		平均水平和平均水平以下之间差异不显著，和平均水平以上之间差异显著
家庭社会地位	中层与中层以上之间差异显著，与中层以下之间差异不显著	中层与中层以上、中层以下之间差异均不显著		
地区	河南与山东、重庆的差异均显著	河南与山东之间差异显著，与重庆之间差异不显著		

需指出的是，尽管我们对网络风险认知对青少年不同类型网络行为的影响做了较为详尽分析，但这样的分析依然存在诸多不足。例如，在探讨网络风险认知对网络娱乐行为的影响时，P值已非常接近临界值。虽然从统计学上可以判定差异显著，但究竟是什么原因导致P值如此接近临界值，显然还需更深入分析。再比如，我们虽然逐个分析了性别、年龄和文化程度等变量所起的调节效应，但考虑到工作量和难度都较大，却没有逐个分析性别、年龄和文化程度等变量之间的交互影响，这在一定程度上削弱了我们对网络风险认知对青少年

不同类型网络行为影响的认识。此外，当我们了解到有的变量如性别的调节效
应不显著，有的变量如年龄和文化程度等可发挥显著调节效应时，对其背后原
因的分析还不够深入，理论上的阐释还有待进一步加强。这样的一些遗憾或不
足，只能留待日后条件成熟时加以弥补抑或是克服。

第六章　以青少年为中心的网络风险治理

> 我们要本着对社会负责、对人民负责的态度，依法加强网络空间治理，加强网络内容建设，做强网上正面宣传，培育积极健康、向上向善的网络文化，用社会主义核心价值观和人类优秀文明成果滋养人心、滋养社会，做到正能量充沛、主旋律高昂，为广大网民特别是青少年营造一个风清气正的网络空间。
>
> ——习近平

风险治理是治理理念在风险分析领域的实践运用。"风险治理"概念最早出现于欧盟委员会资助的"TRUSTNET-风险治理协同行动"项目（1997—1999）报告。"风险治理"的理念在经 2003 年成立的国际风险治理理事会提炼之后，于 2004 年被联合国开发计划署在其发布的《减少灾害风险：发展面临的挑战》报告中首次采用①。风险治理"主要强调的是风险管理主体的多元性、社会和心理因素如风险认知、社会风险放大、预防原则等，风险利益相关者和公众参与、风险沟通等因素在风险治理中的作用。"② 在风险治理过程中，不同国家依据本国实际情况，形成了形态各异的风险治理模式，如英国的渐进整体型风险治理、加拿大的综合型风险治理、美国的国家安全型风险治理③。而欧盟为体现"专业知识的民主化"诉求，在重塑科学与政治的关系，同时兼顾科学理性与民主治理合法性的基础上，确立了以风险预防为基本原则、以风险分析为基本框架、以信任重建为主要目标的风险治理模式。其中，预防原

---

① 张成岗，黄晓伟."后信任社会"视域下的风险治理研究嬗变及趋向 [J]. 自然辩证法通讯，2016（11）：14-21.

② 詹承豫. 风险治理的阶段划分及关键要素：基于综合应急、食品安全和学校安全的分析 [J]. 中国行政管理，2016（6）：125.

③ 朱正威，刘泽照，张小明. 国际风险治理：理论、模态与趋势 [J]. 中国行政管理，2014（4）：95-101.

则主要是指，对环境与健康领域潜在的危害，即便是在经科学评估还不能确定的情况下，管理者依旧可以提前采取措施，以预防可能的危害发生；风险分析框架则把科学与政治分离，最明显的体现是把风险评估和风险管理相区分；最终要重构的是专家与公众之间的信任关系①。

国外有关风险治理的理论探讨与实践运用无疑为我们这里所要谈的网络风险治理提供了有益参考。但在讨论网络风险治理时，并不能简单照搬国外已有的治理模式。且不说英国、加拿大和美国等国的风险治理模式各不相同，我们所要探讨的是以青少年为中心的网络风险治理，这和国外探讨风险治理时所面对的公众有所区别。严格来说，青少年属于公众的一部分，但我们又不能把他们和我们通常所说的普通公众等同起来。青少年正处在身心快速发展阶段，其人生观、价值观等都还在形成当中，易受到外界因素影响；他们中的大多数都还处在求学阶段，没有工作经历，人生阅历匮乏，对社会的复杂性认知不足；他们甚至缺乏独立的经济来源，还需要依赖长辈特别是父母的资助。这些都把他们和那些有着较为成熟和稳定的人生观、价值观，有着较为丰富的工作经验和人生阅历，有着自己独立经济来源的公众区隔开来。这就意味着，对以青少年为中心的网络风险治理既可借鉴国外已有的风险治理模式，同时又要充分考虑青少年的自身特征。

借鉴欧盟的风险治理模式，我们认为，对以青少年为中心的网络风险治理，同样应遵循预防为主的原则。当然，这里说预防为主并不如欧盟那样，主要源于科学的不确定性，而是基于青少年自身特点等多方面因素考虑。当青少年对网络风险的认知与专家的评估不一致甚至存在巨大反差时，构建包括青少年、青少年父母、学校、媒体、政府、企业等多主体在内、协同参与的网络风险沟通机制就变得非常必要。而假若青少年遭遇网络危机如网络诈骗，为防止此类事件再次发生，政府等相关部门应及时建立和完善相应的网络风险治理政策保障体系。

一、遵循预防为主的原则

现代风险的防范越来越依赖于对科学专家的意见咨询。而由于科学的不确

---

① 张海柱. 专业知识的民主化：欧盟风险治理的经验与启示 [J]. 科学学研究, 2019 (1)：11-17.

定性，在证据不充分等条件下，科学专家也不能给出确切答案。但风险却不因为科学专家无法给出确切答案而消失，危害依然可能出现。在这种情况下，为避免可能出现的危害，从保护公众的角度，风险管理者可以在科学专家没有给出确切答案之前采取必要的防范措施，这是欧盟实施风险预防原则的一个主要动因。

网络风险无疑属于现代风险，它也具有现代风险所具有的不确定性大、涉及范围广、复杂程度高、可产生严重后果等特征。对网络风险的治理需要参考科学专家的意见，这是毋庸置疑的。但正如科学所具有的不确定性，如某个新的病毒刚出现，在人类对它的特性还不知晓时，为避免该病毒可能给人们的日常生活带来的不良影响，事先采取必要的风险防范措施也是应有之举。因此，治理网络风险应遵循预防为主的原则，原因之一也是源于科学的不确定性。除此之外，采取预防为主的原则还与青少年密切相关。青少年处于儿童向成人的过渡阶段，身心都处在快速发展阶段，他们还不像成人那样具有较为成熟的思考、判断能力以及危机处理能力。这时，对他们采取风险防范措施尤显必要。例如，我们的调查结果显示，青少年虽然认为网络成瘾的后果非常严重，但他们却认为网络成瘾发生在自己身上的可能性比较小。同样是网络成瘾，青少年认为发生在自己身上的可能性要小于发生在其他人身上。源于对网络成瘾的这种认知，如果不外加干预，青少年一个个地都将成为潜在的网络成瘾者。采取预防为主的原则，除科学的不确定性和青少年自身特征外，还与传统的网络危机管理模式有关。传统的网络危机管理模式是：某个网络事件发生，引起社会的广泛关注；政府等相关部门出面干预，要求吸取教训，预防今后此类事件的发生。在这里，政府等相关部门扮演的是"救火队员"角色。除"救火队员"角色外，政府等相关部门还应扮演教育者、引导者角色，即通过事先的网络风险教育，以及必要的技术防范，从源头上尽量杜绝此类事情的发生。实际上，无论事后采取的措施多么完美，都不及实现事先的防范更加有效。

在以青少年为中心的网络风险预防中，要遵循如下几个原则：一是多主体参与。在论及现代社会风险治理中的多主体合作时，长期从事现代社会风险研究的华东理工大学张广利教授曾指出："在现代风险治理的多元主体中，政府及相关部门作为社会公共权力机构，对现代风险的认知、态度及治理能力，具有支配性的作用；市场组织在运行过程中对现代风险的认知和治理有独到的经验；专家掌握专门知识，拥有对现代风险存在与否的鉴别权和话语权，起到解释和引导作用，并能够提出应对办法，帮助整个社会来有效应对各类现代风险；社会组织可以有效地承接政府某些下放的职能，成为大众与政府之间的

'润滑剂'，在一定程度上缓解政府风险治理上的困境和信任危机；社会大众等作为现代风险的承受者和治理的参与者，能够以更日常生活的方式充分反映大众的感受和诉求。"① 换句话说，不同主体在风险治理中扮演的角色不同，起的作用也不相同。但通过他们之间的合作，可以共同促进对现代风险的治理。具体到以青少年为中心的网络风险治理，也需要多主体参与。这里的多主体包括青少年、家庭、学校、政府、媒体、企业、社会组织和相关的领域专家等。二是网络风险评估的针对性。网络风险预防的前提之一即要对网络风险进行科学评估，如网络风险有哪些，不同网络风险发生的可能性和发生后果的严重性分别有多大等。由于科学的不确定性及网络新技术、新事物和新现象不断涌现，人们难以对网络风险进行全面、系统的评估。但考虑到青少年的特殊性，至少可以把与青少年相关的网络风险进行一个较为全面梳理。在此基础上，对不同网络风险发生的可能性和发生后果的严重程度进行评估。按照与青少年的相关程度，如发生在青少年身上的可能性或是后果的严重程度，或是两者的结合，抑或是其他标准等，对这些网络风险进行必要的归类整理，特别是要突出那些与青少年紧密相关且影响较大的风险，进而为后面的青少年网络风险防范奠定基础。三是以网络风险教育为主，多种形式相结合。青少年中的绝大多数正处于求学阶段，他们的求知欲望强，可塑性高。可通过形式多样的网络风险教育，如讲故事、开设相关课程、举办讲座、开展竞赛、开展主题班会等，提升他们的网络风险意识和网络风险认知水平。这里的网络风险教育主要包括家庭、学校和社会三个层面。除网络风险教育之外，网络风险技术性的解决、制度上的防范等，均可作为网络风险防范的重要举措。

在以青少年为中心的网络风险防范中，易出现的问题主要有：一是主体责任不明确。虽然网络风险治理倡导多主体参与，这也和现代治理的理念相契合，但哪些主体应参与其中，特别是参与的主体在网络风险治理中到底扮演什么角色，并没有一个清晰的界定。例如，我们的调查显示，家庭网络风险教育不同青少年在网络风险认知的得分上存在显著差异。但我们的调查还显示，在总共 1 898 个样本中，有多达 338 位青少年的家人从未和他们讲过有关网络风险方面的事情，且这 338 位青少年中，户籍所在地为城镇和农村的分别有 152位和 186 位！即便是学校这个专门的教育机构，也总计有 270 位青少年认为他们所在的学校从未开展过任何形式的网络风险教育。其中，初中的有 71 位，

---

① 张广利. 创新风险治理模式应着重关注现代风险 [J]. 人民论坛·学术前沿, 2019 (5): 32-33.

高中的有 159 位，大学的有 40 位。再比如说媒体，且不说在移动互联时代，微博、微信等新媒体已成为网络谣言的传播温床，即便是传统媒体，在媒介融合的背景下，为了吸引读者，也时常以夸张或是猎奇的方式报道一些网络风险案例，并不清楚或是不在乎其在青少年网络风险治理中的定位。而有些企业某些网贷公司，为了赚取商业利润，不惜把触角伸向校园，并采用"套路贷"等方式，诱骗青少年背负巨额债务。如深圳警方曾披露过四种类型的网贷诈骗：未放款先收费；承诺低息实为高利贷；包装资质承诺成功；花钱消除信用污点①。主体责任不明确的另一后果是，当网络风险事件发生后，相关主体会以责任不在自己为由，相互推诿、互相"甩锅"，最终如贝克所说那样，形成事实上的"有组织地不负责任"。二是参与者地位不平等。作为网络风险后果的直接承担者，青少年本应最有资格参与事关其本人切身利益的网络风险治理。但实际情况是，青少年常常被作为教化的对象，被排除在有关网络风险的决策当中。这就容易造成网络风险决策不被青少年理解的现象。再比如，政府因权力的缘故，在决策中占据优势地位。而专家借助专业知识，也常常获得较多的发言机会。这样的公权和专业知识，易使政府和专家忽视青少年的实际需求，单纯地从他们自己的角度出发诠释和解决问题。三是网络风险评估的脆弱性。专家对网络风险的评估有赖于风险信息的收集、科学技术的使用和专业知识的运用。但受科技发展的限制或是对科技掌握的影响，专家有时难以对网络风险做出全面、科学的评估，甚至专家对网络风险的评估本身就是具有风险的事情。而受信息收集、技术掌握与知识体系差别等的影响，又会使得不同领域甚至是同一领域专家对同一风险的评估之间也存在差别。当专家对网络风险的评估以讲座或是媒体发言等形式公开表达出来，当专家之间的分歧被媒体放大时，专家系统内部的分歧将加剧青少年对网络风险认知的困惑。四是网络风险教育未得到应有的重视。由表 6.1 可知，网络风险教育的开展中，主要采用主题班会的形式，其次是讲座，网络风险课程位列第三。这表明，无论是中学还是大学，网络风险教育主要采用的是"临时性"的安排，如主题班会和讲座，较少采用"制度性"的做法，如将网络风险教育纳入课程体系加以实施。不仅如此，从初中、高中和大学三个阶段来看，在高中阶段，无论是哪种形式的网络风险教育，都存在明显减少的情况。这可能与高中阶段高考压力大，其他与高考不太相关的课程都要让位于高考有关。

---

① 参见 http：//www. xinhuanet. com/legal/2018-03/29/c_ 1122610418. htm.

表 6.1　不同学习阶段的网络风险教育开展情况　　　单位：人

	网络风险课程	网络风险讲座	网络风险主题班会	网络风险竞赛	其他
初中	223	210	306	122	6
高中	103	68	161	33	0
大学	227	382	485	168	1
合计	553	660	952	323	7

　　鉴于在以青少年为中心的网络风险预防中应遵循的原则及易出现的问题，我们对青少年网络风险的治理要着重做好如下几点：一是明确各参与主体的职责。考虑到青少年中的大多数都处于求学阶段，可由教育主管部门对各主体进行协调，明确各主体在青少年网络风险防范中应扮演的角色、应承担的职责等。当各主体之间出现对职责的理解有误或是相互推诿、扯皮时，能及时加以处理和解决。特别是要预防某些主体为了一己之利，如某些企业为过度追求商业利润，不惜以损害青少年利益为代价时，要能及时干预和制止。二是吸纳各主体的真正参与。各主体职责明确后，还需要把各主体动员起来，让他们真正参与到以青少年为中心的网络风险预防当中。为此，在诸多环节，如网络风险的识别中，要积极听取青少年的意见；在网络风险的评估中，要多尊重专家的意见；在网络风险的教育中，要明确各主体的分工；在制定与青少年相关的风险政策时，政府部门要积极征询包括专家、青少年等在内的各主体意见。唯有如此，各主体的共同参与才能落到实处。三是努力提升网络风险的评估质量。既然网络风险评估不可避免地受到技术和专家知识体系乃至价值偏好的影响，那么，要解决网络风险评估的脆弱性问题，一个可行的办法是，在网络风险评估过程中，将文化、心理等因素充分考虑在内，同时通过调研会、公示等形式，让网络风险评估过程尽可能公开、公正，以此尽可能维护网络风险评估的客观性。四是加强青少年网络风险教育，特别是学校层面的网络风险教育。根据我们的调查，对那些所在学校没有开展过网络风险教育以及不清楚其所在学校是否开展过网络风险教育的青少年，当我们问其是否希望其所在学校开展网络风险教育时，在总共 544 位青少年当中，有 502 位青少年选择了"希望"，占总人数的 92.3%。只有 42 位青少年则选择了"不希望"，这部分人群只占总人数的 7.7%。总体来看，即便是那些所在学校没有开展过网络风险教育或是不清楚其所在学校是否开展过网络风险教育的青少年，绝大多数依然希望其所在学校开展网络风险教育。当我们继续询问这 502 位青少年，他们希望开展

何种形式的网络风险教育时，如表6.2所示，选择最多的是网络风险讲座，其次才是网络风险主题班会、网络风险课程和网络风险竞赛。这表明，举办有关网络风险的讲座是最受青少年欢迎的形式。这也意味着学校在开展网络风险教育时应充分考虑青少年喜欢和愿意接受的形式。在这502位青少年当中，文化程度为初中、高中和大学的青少年人数分别为151位、225位和126位，为便于比较，将表6.2中的数字转换为百分比，即计算选择不同形式网络风险教育的人数在该学习阶段的占比。如初中文化程度的青少年有151位，选择网络风险课程的有94位，则选择网络风险课程的人数在初中文化程度的青少年中占比62.3%。转换后的结果如表6.3所示。由表6.3可知，虽然对于网络风险课程、网络风险讲座、网络风险主题班会和网络风险竞赛，高中阶段的青少年希望开设的人数占比都要低于初中阶段的，但对网络风险课程、网络风险讲座和网络风险主题班会这三种形式的网络风险教育，都有一半左右的青少年希望开展，且举办与网络风险相关的讲座都是他们最欢迎的。这一点和表6.1中所显示的高中阶段网络风险教育开展得相对较少形成了鲜明对比。这表明，即便是对高中阶段的青少年而言，尽管他们面临着高考的压力，但他们对网络风险教育依然有着较强需求。学校应根据他们的实际情况，开展有针对性的网络风险教育，而不是简单地将网络风险教育让位于与高考相关的专业教育。如果说在中学阶段，青少年希望开展的网络风险教育形式依次是网络风险讲座、网络风险主题班会、网络风险课程、网络风险竞赛和其他形式的网络风险教育，到了大学阶段却略有变化。网络风险课程由中学阶段的第三位往前靠了一位。这表明，除举办与网络风险相关的讲座外，开设有关网络风险教育的课程成为大学阶段青少年喜欢的另一种形式。学校的网络风险教育也应根据青少年的实际需求进行有针对性的调整。

表6.2　不同学习阶段青少年希望开展的网络风险教育情况　　单位：人

	网络风险课程	网络风险讲座	网络风险主题班会	网络风险竞赛	其他
初中	94	113	101	80	3
高中	104	129	117	76	8
大学	60	72	52	45	1
合计	258	314	270	201	12

表 6.3　不同形式网络风险教育选择人数在不同学习阶段的占比情况

单位:%

	网络风险课程	网络风险讲座	网络风险主题班会	网络风险竞赛	其他
初中	62.3	74.8	66.8	53	2
高中	46.2	57.3	52	33.8	3.6
大学	47.6	57.1	41.3	35.7	0.8

二、构建伙伴型的网络风险沟通机制

随着风险沟通理念的变化,风险沟通的内涵也发生过较大改变。当前,关于风险沟通的界定,一个引用较为广泛的表述是:"个体、群体和机构之间信息和观点的交互活动;不仅传递风险信息,还包括各方对风险的关注和反应以及发布官方在风险管理方面的政策和措施。"① 该定义由美国国家研究委员会在 1989 年出版的《改善风险沟通》一书中首次提出,它是风险沟通由单向告知向双向互动模式转变的体现。在该定义中,风险沟通不仅包括信息的沟通,还包括观点的沟通;风险沟通不是简单的风险信息传递,而是要把与风险相关利益主体对风险的关注和反应等纳入其中。

风险沟通之所以必要,根源即在于专家的科学风险评估与公众的风险认知之间的差异。专家借助科学手段对风险进行评估,而公众则依据其日常生活经验对风险进行认知,两者之间的差距既是风险沟通存在的缘由,也是其必须解决的重点问题。如果说,专家对风险的评估,主要受技术、知识和经验等影响,而公众对风险的认知,则受到心理、社会、文化和经济等因素影响。专家与公众对风险认知的差异问题,表明风险不是单纯的技术问题,还涉及心理、社会、文化和经济等方面。由此,风险沟通也不是单纯的技术沟通,而应充分考虑公众的心理、社会、文化和经济等因素。

风险沟通概念虽最早由美国环保署署长威廉·卢克希斯（William Ruck-elshaus）于 20 世纪 70 年代首先提出,但风险沟通受重视,成为研究的焦点,

---

① National Research Council（NRC）. Improving risk communication [M]. Washington：National Academy Press，1989：21.

则始于 20 世纪 80 年代中期。1986 年 7 月，全美"风险沟通全国研讨会"的召开被认为是美国风险沟通领域走向成熟的标志①。按照 Vincent Covello 和 Peter M. Sandman 的观点，风险沟通概念自提出以后，全球风险沟通实践大致经历了四个阶段②：第一个阶段即前风险沟通阶段，其特征是忽视公众。它依据的理念是：大部分人都是非理性的。保护公众的健康和环境不意味着让他们参与风险政策的制定，因为他们会把事情搞得一团糟。这一阶段一直持续到1985 年。第二个阶段为如何更好地解释风险数据。这也被认为是风险沟通的真正开始。第三个阶段的重心是如何与社区特别是与风险利益相关者展开对话。这一阶段的一个标志性事件是：1988 年，美国环保署发布的《风险沟通七项基本原则》被作为风险沟通的指导性文件。第四个阶段则要求把公众视为真正的合作伙伴。这一要求较难实现，以至于 Vincent Covello 和 Peter M. Sandman 也不得不承认，目前这一阶段所取得的成效有限。Vincent Covello 和 Peter M. Sandman 对风险沟通演变历程的分析，大致可概括为忽视公众、风险解释、风险对话和构建伙伴关系四个阶段。从这四个阶段来看，公众在风险沟通中的作用和地位越来越受重视。在前风险沟通阶段，公众的权力被漠视了。随着公众对风险知情权意识的觉醒，风险沟通进入了单向告知阶段。虽然公众有了知情权，但他们还不能参与到风险决策中去，因为风险评估和风险决策依然是风险专家的事情。所以，这一时期的风险沟通目标是把专家的风险评估数据及基于风险评估数据所做的风险决策单向地告知公众。但由于两方面原因，风险信息的单向告知难以继续。"一方面，风险评估在技术上的局限性造成风险信息经常出现前后不一致、不完整、充满不确定性的情况，这使得公众对专家和权威机构的信心进一步减弱；同时，专家与专家之间的分歧也不可避免地加重了公众的困惑和怀疑。另一方面，公众对风险的感知往往与专家对风险的判断大相径庭，敌对、愤怒、过度恐慌或过度冷漠等情绪的存在让公众越来越难以被说服去采取恰当的行动。"③ 于是，风险沟通再次由风险解释进入到风险对话阶段。风险沟通不仅要传递风险信息，还要了解公众对风险的认知，了解他们的需求和关注点，并依此设计沟通方式。在这一阶段，公众不仅具有知

---

① 张洁，张涛甫. 美国风险沟通研究：学术沿革、核心命题及其关键因素 [J]. 国际新闻界，2009（9）：96.

② VINCENT COVELLO，PETER M SANDMAN. Risk Communication：evolution and revolution [A]. In Anthony Wolbarst（ed.）. Solutions to an Environment in Peril [C]. Baltimore：John Hopkins University Press，2001：164-178.

③ 黄河，刘琳琳. 风险沟通如何做到以受众为中心：兼论风险沟通的演进和受众角色的变化 [J]. 国际新闻界，2015（6）：76.

情权，而且风险的决策也需要考虑他们的意见和看法。这也即风险沟通中的双向互动模式。然而，风险对话未能从根本上消除专家风险评估与公众风险认知之间的分歧，也未能消除公众对风险决策的不满。公众要求有更多的机会参与到风险决策当中去。于是，构建合作伙伴型的风险沟通模式得以应运而生。它力求让公众全程参与风险识别、风险评估和风险决策，并使最终的决策能为各利益相关主体一致认同。

伙伴型的风险沟通既满足了公众的知情权，也可在一定程度上消解专家与公众之间的分歧，提前获知某些可能产生对抗的信息，进而采取必要的防范措施，还可发挥对公众的风险教育功能，并最终做出有约束性的决定。这些都是伙伴型风险沟通的优势所在。但伙伴型风险沟通要得到有效实施，其面临的主要障碍有：首先是专家与公众之间的分歧。这种分歧不仅体现在风险知识上，还体现在对风险的认知方式上。专家主要依据技术手段对风险进行评估，而公众主要依据其对日常生活的体验来对风险进行认知。这两种认识风险的方式决定了专家与公众之间在风险认识上的分歧难以完全消除。尽管伙伴型风险沟通能在一定程度上消解这种分歧，但却难以完全根除。例如，一致性的统计证据和个别例证，哪一个对公众风险认知的影响更大？或许有人会认为是一致性的统计证据。但社会心理学的研究表明，相对于大量的统计数据，大多数人更容易受到清晰、形象的个别事例影响。其次是参与者对自身利益的过度关照。参与者对自身利益的关注无可厚非，但若每个参与者都把焦点放在自身利益上，这可能导致更广泛的公共利益损失。在对待公众问题上，一个认识误区即是，认为公众利益是一致的，他们内部不存在差异。实质上，公众按照不同划分方法，可以划分为不同类型。按照受风险影响的程度，既可分为共同决策者、活跃决策者、技术监管者、评论者、观察者及无动于衷的公众，也可分成不受风险影响的公众（非公众）、受风险影响却不知情的公众（潜在公众）、受风险影响且知晓真相的公众（知晓公众）和组织起来应对风险的公众（行动公众）①。此外，公众还有性别、年龄、职业、健康程度、居住地之别。按照这些变量，还可把他们分为不同利益群体。代表不同利益群体的公众，如果都聚焦于自身利益，且组织者不能对他们进行有效协调，风险沟通将可能演变成一

---

① 黄河，刘琳琳. 风险沟通如何做到以受众为中心：兼论风险沟通的演进和受众角色的变化 [J]. 国际新闻界，2015（6）：80.

场以牺牲更广泛社会目标为代价的日常讨价还价①。再次是公众参与导致的效率低下问题。由于公众与专家在风险认知上的差异，以及公众对自身利益的追求，如果公众全程参与风险识别、风险评估和风险决策等过程，这可能致使风险决策须经反复讨论甚至激烈的利益争夺方能做出。也正是因为这样的一些原因，有学者认为，公众参与应保持在一个合理区间，既要避免参与不足，又要防止过度参与②。最后是如何构建伙伴关系的问题。伙伴型风险沟通要求把与风险相关的各利益主体，或者说至少与参与风险沟通的各主体视为平等的伙伴关系。各主体通过协力合作，最终促成有效风险沟通的完成。但从风险沟通的实践来看，各主体在风险沟通中的地位是不平等的。例如，有研究者就发现，风险沟通中存在专家依赖现象③。研究者采用内容分析的方法，对《人民日报》《科技日报》和《南方都市报》三家报纸转基因技术报道中的专家信源进行了分析。结果发现，媒体对转基因技术的报道显著依赖专家信源，且大体上与专家保持一致的态度立场。即使三家报纸对专家观点的引用存在一定差异，但也较少呈现专家之间、专家与公众之间的观点争锋。抛除已有的风险沟通实践，从构建新型的也就是我们所说的伙伴型风险沟通来说，还面临着主体责任确定、主体间的关系建构等问题。各利益主体在风险沟通中该承担何种责任，各主体间如何建构有效的伙伴关系，这些都有待于进一步思考。有研究表明，各主体间的关系除受到信任影响之外，还受到合作态度与能力的影响。主体良好的合作态度和能力能够提高合作关系的质量，并最终促进风险沟通的有效进行④。

当前，我国的风险沟通呈现出两个特点：一是从研究层面来说，起步较晚，但发展迅速，且和特定时期的具体事件紧密关联。据统计，我国的风险沟通研究发端于 2003 年。至 2009 年，国内风险沟通研究的发文量首次超越国外。我国的风险沟通研究主要涉及 SARS 事件、"三鹿奶粉"等具体风险事

① RYDELL R J. Solving political problem of nuclear technology: the role of public participation [A]. Petersen, J. C. (eds). Citizen Participation in Science Policy [C]. Amherst: University of Massachusetts Press, 1984: 182-195.

② 王耀东. 公众参与工程公共风险治理的效度与限度 [J]. 国家科技图书文献中心, 2018 (6): 94-99.

③ 戴佳, 曾繁旭, 郭倩. 风险沟通中的专家依赖: 以转基因技术报道为例 [J]. 新闻与传播研究, 2015 (5): 32-45.

④ 刘波, 杨芮, 王彬. "多元协同"如何实现有效的风险沟通: 态度、能力和关系质量的影响 [J]. 公共行政评论, 2019 (65): 133-153.

件①。二是从实践层面来说，我国的风险沟通模式还是以专家占主导地位的风险解释和风险对话为主。研究层面的风险沟通主要和具体事件相关联，是否意味着没有发生具体的风险事件如新冠病毒感染疫情等就不需要风险沟通呢？答案显然是否定的。风险沟通是多方主体围绕有关风险的信息和观点进行互动的过程。当发生重大风险事件时，风险沟通当然非常必要。即便没有发生重大风险事件，围绕已知的风险及可能出现的风险事件进行沟通，至少能起到风险防范作用。所以，风险沟通不应仅限于风险事件发生后才去运用。专家占主导地位的风险解释和风险对话模式，尽管有其优点，但风险沟通实践已证明，这样的风险沟通模式有其无法克服的弊端。风险沟通演化到伙伴型模式已成为一种必然趋势。

回到以青少年为对象的网络风险沟通上来。虽然刚刚只是对风险沟通的一般性讨论，但讨论的结果同样适用于网络风险沟通。也即：在以青少年为对象的网络风险治理中，风险沟通不仅必要，而且应构建伙伴型的网络风险沟通模式，即通过多主体间的合作，共同促进网络风险沟通的有效进行。鉴于伙伴型风险沟通所面临的障碍，在构建伙伴型网络风险沟通的过程中，应注意处理好如下几方面事宜：一是谁是网络风险沟通的合作主体？从风险沟通的实践来看，与青少年网络风险相关的利益者都可作为风险沟通的主体。这样的主体除青少年之外，还包括青少年家庭、学校、媒体、与青少年相关的企业、专家、政府等。这里需注意的问题是，参与网络风险沟通的各主体应具有一定的代表性。以青少年为例。从文化程度来看，有初中、高中和大学之分；从上网时间来看，网龄有长短之分。而从我们前面的分析来看，文化程度和网龄都可对青少年的网络风险认知产生影响。特别是中学与大学之间，青少年的网络风险认知有着一个显著的变化。故参与网络风险沟通的青少年不仅要有不同文化程度的，还应包括不同网龄。二是多主体间的合作问题。这也是伙伴型网络风险沟通能否成功的关键所在。它包括：各主体如何平等参与？各主体的责任如何区分；各主体的沟通渠道如何建立？各主体的沟通频率如何？各主体间的分歧如何解决等。这里面每一个问题的解决可能都需要花费较多时间和精力。以主体间的平等参与为例。鉴于各主体在权力、知识、地位等方面的实质性不平等，网络风险沟通很容易演化成专家或是政府的独角戏，致使风险沟通倒退到风险解释或是风险对话阶段。要解决这一问题，应寻求制度上的解决，以保证各主体有同等机会参与网络风险沟通的全过程。再比如，当各主体对所沟通的风险

---

① 陈虹，高云微. 中西风险沟通研究比较分析 [J]. 国际新闻界，2015（2）: 65-76.

信息抑或是观点产生分歧时怎么办？这时就需要有一个合适的解决方案。否则，网络风险沟通将可能演变成无效的争吵，导致风险沟通效率低下，进而影响风险决策的做出。此外，沟通的渠道也很重要。有研究者通过对某省某市政府的 PX 项目风险沟通事件的分析发现，某市政府在 PX 项目上的风险沟通之所以失败，一个重要原因在于某市政府采用传统媒体向社会发布重大信息，而当地公众却已养成使用网络和社交媒体获取信息的习惯。可以说，某市政府在 PX 项目上的沟通渠道选择不当在一定程度上造成了风险沟通的失败①。这也提醒我们，网络风险的沟通渠道应尽可能选择各参与主体都能接受的方式。三是多主体间的沟通内容。沟通的不仅是风险专家对风险的评估结果，还应包括各方对网络风险的认识和看法，特别是青少年对网络风险的态度。为此，我们应加强对网络风险的评估，尽可能克服由技术和专业知识带来的对网络风险评估的不确定性问题；同时，加强对青少年网络风险认知的调查，全面、深入了解青少年视野中的网络风险是什么。四是多主体间的沟通语言。在多主体沟通过程中，应尽量避免使用其他主体不熟悉、不了解的专业术语，而应采用彼此间都能明白和理解的语言。因此，各主体特别是专家在沟通网络风险信息时，应努力将专业术语用其他人能理解的方式表达出来，而不是为了显示自己的博学及与众不同，讲一通他人不明白也无法理解的话语，这不仅无助于网络风险沟通，可能还会起到相反效果。

三、建立完善的网络风险治理政策保障体系

我们对以青少年为中心的网络风险治理不能遵循一事一办、临时起意的原则，而应有相应的网络风险治理政策作保障。国外的风险治理经验表明，完善的风险治理政策保障体系是提升风险治理水平必不可少的环节之一。以特大城市风险治理为例。有研究者通过对日本东京、美国纽约、英国伦敦等特大城市的风险治理做法进行总结后发现，这些特大城市的风险治理经验之一，即建立了较为完善的风险治理政策保障体系。如日本有比较完备的防灾法律法规制度体系，伦敦出台了大量的突发事件的准备、恢复和应对方面的规范性文件②。如果说特大城市风险治理和我们这里所说的以青少年为对象的网络风险治理还

---

① 程惠霞，丁刘泽隆. 公民参与中的风险沟通研究：一个失败案例的教训 [J]. 中国行政管理，2015 (2)：109-113.
② 杨典. 特大城市风险治理的国际经验 [J]. 探索与争鸣，2015 (3)：33-34.

有一定距离，我们再看看和青少年网络风险治理密切相关的网络社交平台风险治理。网络社交平台特别是新兴网络社交平台如微博、微信、抖音等，以其形式简单、使用便捷等特点，深受青少年的喜爱。但网络社交平台也蕴含着巨大风险，如信息泄露、不良信息骚扰等。有研究者对美国、欧盟、英国、德国和俄罗斯等国家和地区有关网络社交平台的法律法规进行考察，结果发现，这些国家和地区在网络社交平台方面都制定有较为完备的法律法规。现将美国、欧盟和俄罗斯相关的部分法律法规摘录如表 6.4 所示：

表 6.4　美国、欧盟和俄罗斯有关网络社交平台的政策制定情况①

国家或地区	发布的年份	政策法规的名称
美国	1966	《信息自由法案》
	1977	《联邦计算机系统保护法案》
	1986	《电子通信隐私法》
	1987	《计算机安全法》
	1999	《互联网保护个人隐私的政策》
	2000	《儿童在线隐私保护法案》
	2013	《社交媒体：消费者风险管理指南》
	2015	《打击恐怖主义使用社交媒体法》
	2016	《反外国宣传和虚假信息法》
欧盟	1995	《第 95/46/EC 指令》
	2002	《隐私与电子通信指令》
	2009	《欧盟更安全的社交网络准则》
	2010	《欧盟委员会在信息安全和个人隐私方面的责任》
	2011	《欧盟委员会更安全社交网络 在 9 项 SNS 服务上的实施声明》
	2014	《欧洲数据保护法律的实践指南》
	2016	《欧美隐私盾协议》
	2018	《一般数据保护条例》

---

① 转引自赵志云，杜洪涛，张楠. 大数据时代网络社交平台风险治理的国际政策比较与启示[J]. 中国行政管理，2020（2）：130.

表6.4(续)

国家或地区	发布的年份	政策法规的名称
俄罗斯	1995	《俄联邦信息安全纲要》
	1998	《国家信息政策纲要》
	2001	《电子信息法》
	2010	《信息社会安全（1-8 的子规划）》
	2014	《俄联邦网络安全战略构想》
	2014	《知名博主新规则法》
	2016	《信息安全学说（2016 年版）》
	2017	《新网络监管法》

互联网在我国的起步虽然较晚，但发展迅速。近年来，随着互联网在我国的普及率不断攀升，以及互联网与经济社会发展的紧密结合，网络安全问题也受到高度重视。在网络安全方面，我国已出台一系列相关法律法规，如表 6.5所示。

表 6.5　我国与网络安全相关的政策法规列举①

政策法规类型	发布的年份	政策法规的名称
法律	2004	《中华人民共和国电子签名法》
	2016	《中华人民共和国网络安全法》
	2018	《中华人民共和国电子商务法》
	2019	《中华人民共和国密码法》
行政法规	1994	《中华人民共和国计算机信息系统安全保护条例》
	1997	《计算机信息网络国际联网安全保护管理办法》
	2000	《互联网信息服务管理办法》
	2001	《计算机软件保护条例》
	2006	《信息网络传播权保护条例》

---

① 详情请参见 http://www.cac.gov.cn/zcfg/fl/A090901index_1.htm.

表6.5(续)

政策法规类型	发布的年份	政策法规的名称
部门规章	2007	《互联网视听节目服务管理规定》
	2011	《互联网文化管理暂行规定》
	2013	《电信和互联网用户个人信息保护规定》
	2017	《互联网新闻信息服务管理规定》
	2017	《互联网域名管理办法》
	2019	《儿童个人信息网络保护规定》
	2019	《网络信息内容生态治理规定》

除法律、行政法规和部门规章之外，还有一些规范性的文件如《关于加强国家网络安全标准化工作的若干意见》等。单从数量上来说，我国关于网络安全，或者说涉及网络风险方面的政策法规已有不少。但仔细观察表6.5中的相关政策法规，可以发现，它们具有如下两个特征：一是立法层级较低的部门规章相对较多，层次最高的法律则较少。这表明，有关网络安全或网络风险方面的立法层级还有待提高。二是缺乏专门针对青少年网络风险方面的立法。已有的《儿童个人信息网络保护规定》由国家互联网信息办公室室务会议审议通过，属于部门规章。且该规定中的儿童特指不满14周岁的未成年人，和我们这里所说的青少年并不相等同。即便是未成年人，在网络风险立法方面，"不仅存在位阶较低的缺失，而且相关法律条文具有分散性的特点，仅在少数法律中的个别条文中略有提及……显然不能满足未成年人网络风险控制的需求"[1]。

要完善网络风险治理政策保障体系特别是与青少年相关的网络风险治理政策保障体系，我们需重点处理好如下两方面事宜：一是加强对与青少年相关的网络风险研究。这是与青少年相关政策制定的前提和基础。从已有研究来看，在网络风险方面，关于网络金融风险的研究较多，而关于青少年网络风险的则相对较少。如果说对网络金融风险涉及国家经济发展，那青少年网络风险则直接涉及青少年的成长，甚至是国家的未来。所以，从这个层面上说，加强对青少年网络风险的研究有其重要意义。对青少年网络风险的研究所包含的议题有：与青少年相关的网络风险有哪些？它们的产生原因有哪些？可能会导致哪

---

① 宋远升. 风险社会视域下未成年人的法律保护：以网络风险为对象的分析 [J]. 青少年犯罪问题，2017（2）：71.

些后果？青少年对这些网络风险是如何认知的？影响青少年网络风险认知的因素有哪些？青少年如何规避相关的网络风险？对与青少年相关的网络风险如何进行治理等？二是重视对青少年网络风险的政策制定。这种政策制定可以是在某些网络风险事件发生后，及时吸取经验教训，制定相应的政策，以避免之后此类事件的再次发生。我们也可以是借鉴国外的经验和做法，在充分的实地调研基础上，提前制定有关政策，预防相应网络风险事件的发生。而在立法层级上，除了条例、部门规章和行政法规之外，我们还应注重最高层级的立法工作。

四、以青少年为中心的网络风险治理模式

在长期的风险治理实践中，不同国家和地区形成了不同的风险治理模式。其中，欧盟所倡导的是以风险预防为基本原则、以风险分析为基本框架、以信任重建为主要目标的风险治理模式。欧盟的风险治理模式如图 6.1 所示①。

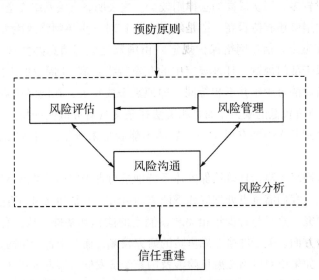

图 6.1　欧盟风险治理模式

---

① 参见张海柱. 专业知识的民主化：欧盟风险治理的经验与启示［J］. 科学研究，2019（1）：13.

而由瑞士政府于 2003 年发起的国际风险治理理事会（International Risk Governance Council，IRGC）也提出了自己的风险治理框架（见图 6.2)①。由图 6.2 可知，IRGC 把风险治理区分为风险评估和风险管理两个大的方面，包括预评估、风险评估、耐受性和可接受性判断、风险管理等四个环节。而风险沟通则参与风险治理的全过程。尽管从形式上看，欧盟风险治理模式和 IRGC 的风险治理框架有一定差异，但如果我们把图 6.1 中的风险分析部分和图 6.2 对照来看，会发现这两个图中有很多相似之处。例如，风险评估和风险管理都被视为风险治理的核心内容。在图 6.2 中，尽管风险治理被细分为预评估、风险评估、耐受性和可接受性判断、风险管理等四个环节，但它们却被归结为风险评估和风险管理两个方面。再比如，无论是在图 6.1 还是图 6.2 中，风险沟通在风险治理中都扮演着重要角色。无论是风险评估还是风险管理，风险沟通都全程参与其中。这也反映出欧盟和 IRGC 对风险沟通在风险治理中作用的高度重视。

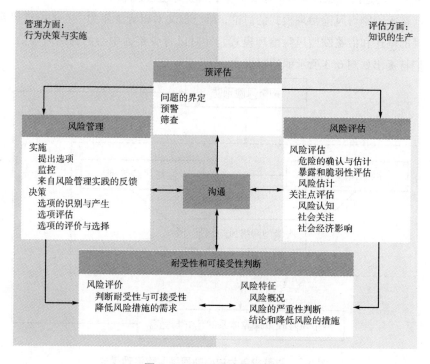

图 6.2　IRGC 风险治理框架

---

　　① ORTWIN RENN. White paper on risk governance：toward an integrative framework ［A］. Ortwin Renn, Katherine D Walker. Global Risk Governance：Concept and Practice Using the IRGC Framework ［C］. Netherlands：Springer, 2008：59.

风险治理究竟要经历哪些环节? 这在不同语境中有不同的表述。如在 IRGC 的风险治理中，其要经历风险预评估、风险评估、耐受性和可接受性判断、风险管理四个环节。也有研究者认为，在国家公共领域，政府风险治理包括风险识别与分析、风险评估、风险决策和风险处置行动四项核心构面①。还有研究者认为，在更广泛的语境中，风险治理主要处理风险识别、风险评估、风险管理和风险沟通的议题②。在这些不同的表述中，关于风险识别和风险评估，有的研究者将其分开叙述，有的研究者则将它们合并为风险评估，即风险评估中包含有风险识别；而风险决策与风险决策后的处置行动，则属于风险管理的范畴。如果我们将风险识别视为风险评估的一部分，那么，风险治理的核心环节就可归纳为两个，即风险评估和风险管理。而风险沟通对风险治理来说虽然很重要，但风险沟通通常不被视为一个单独环节，它可在风险治理的每一个环节当中出现。按照伙伴型风险沟通的观点，风险沟通要贯穿于风险治理的全过程。

基于刚刚对风险治理模式的讨论，结合前文对以青少年为中心的网络风险治理的阐述和借鉴欧盟风险治理模式，针对以青少年为中心的网络风险治理，我们特提出如图 6.3 所示的治理模式:

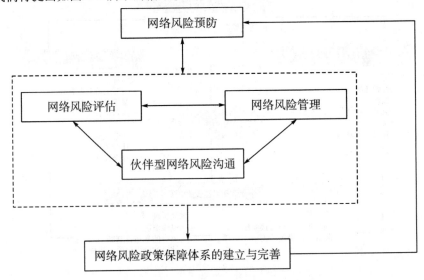

图6.3 以青少年为中心的网络风险治理模式

---

① 朱正威，刘泽照，张小明. 国际风险治理: 理论、模态与趋势 [J]. 中国行政管理，2014 (4): 97.

② 张成岗，黄晓伟. "后信任社会" 视域下的风险治理研究嬗变及趋向 [J]. 自然辩证法通讯，2016 (11): 19.

在以青少年为中心的网络风险治理模式中，我们遵循网络风险预防为主的原则，这一点既与欧盟的风险治理模式相同，也符合风险治理的理念。在网络风险分析部分，除了将风险具化为网络风险之外，我们保留了网络风险评估和网络风险管理为网络风险分析的核心内容。同时，我们将网络风险沟通具化为伙伴型网络风险沟通，这既体现了当前风险沟通的发展趋势，也说明了网络风险沟通参与网络风险评估和网络风险管理等网络风险治理过程的理由。与欧盟风险治理模式不同的是，我们认为，网络风险预防与网络风险分析之间并非单向的关系，而是相互的，因为在网络风险预防的过程中也会运用到网络风险分析。此外，对以青少年为中心的网络风险治理，倘若有与青少年相关的网络风险事件发生，我们认为，我们不应满足于对某个特定网络风险事件的处理，而是要通过对特定网络风险事件的处理，上升到政策层面，制定相应的规章制度，特别是要重视法律层面的政策制定。进一步地，建立的与青少年相关的网络风险治理政策保障体系又可起到网络风险防范作用。由此，以青少年为中心的网络风险治理就实现了良性循环。

以大学生为例，看看该网络风险治理模式如何在实践中运用。首先，对以大学生为主的网络风险要遵循以预防为主的原则。学校、大学生、教育主管部门、媒体等多主体参与，平等协商确定大学生面临的网络风险主要有哪些。各主体发挥自身优势对大学生进行网络风险教育。如学校可开设有关的网络风险讲座、主题班会等，媒体可进行相关的新闻报道。面对已经发生的与大学生相关的网络风险事件，可由专门的风险评估机构对网络风险进行评估，然后交由政府部门、学校等进行风险管理。在风险评估到风险管理的过程中，评估机构和管理机构要进行有效的风险沟通。不仅如此，风险管理机构还要和大学生、社会公众等进行沟通，以确保管理措施的顺利实施。根据需要，在经严格论证前提下，临时性的措施最终上升为网络风险治理政策。而制定出的网络风险治理政策又为防范类似网络风险事件的再次发生起到预防作用。

第七章 结论与讨论

由我们自己和他人的行动所创造的过去造就了今天的我们，我们现在的行动则会影响我们周围世界中我们和他人未来生活的方向。通过同时把过去、现在和未来铭记在心，我们能用实际行动让我们生活其中的这个实际变得更加美好。

——［美］乔恩·威特

经过前六章的分析和论述，我们对青少年网络风险认知已有一个较为清晰的认识。如果把对青少年网络风险认知的探索视为一个不断揭秘的过程，那么至此，青少年网络风险认知已除去其神秘面纱，真实而又形象饱满地呈现在我们面前。风险认知研究虽然已走过了半个多世纪的历程，但互联网的快速发展则主要发生在近二三十年。我国步入风险社会和网络风险引起人们的极大关注，其时间更短，大致可回溯至 21 世纪初。这些因素的叠加后果就是，导致网络风险认知研究在整个风险认知研究中的相对滞后。即便是已有的网络风险认知研究，将研究对象聚焦于青少年的，也并不多见。虽偶有研究对部分青少年群体在特定领域的风险认知如大学生的网络消费风险认知进行研究，但对青少年网络风险认知进行系统研究的尚未发现。这意味着，任何一项试图对青少年网络风险认知进行系统的研究都面临巨大挑战和具有极大的探索性。

幸运的是，其他领域的风险认知研究已积累了较为丰硕的成果。借鉴这些已有的相关研究成果，我们尝试对青少年网络风险认知进行了一个较为系统的研究。研究在获得一些具有启发性的结论时，也发现一些可能会引发争议或是值得进一步探讨的地方。为更为清晰地展现当前青少年网络风险认知的基本状况，及更为深入地推动青少年网络风险认知研究的发展，接下来我们将在对本研究所得结论进行简要概括的基础上，对青少年网络风险认知研究中的若干重要议题进行讨论，并通过对这些议题的讨论，指出未来这一领域值得研究的问题或是方向。

一、研究结论

总体而言，本研究所得结论大体可归结为如下几点：

第一，青少年对网络风险的认知不仅具有地区差异，而且存在"基本偏差"。

先看地区差异。从网络风险项目发生的可能性来看。无论是发生在青少年本人身上，还是发生在其他人身上，或是所有人身上，除少数项目之外，河南在大多数项目上的得分最高，重庆次之，山东最低。当计算网络风险项目发生在青少年本人身上的可能性时，河南除在费用超支一项略低于重庆外，其余12项的得分均高于重庆。而山东在全部13个网络风险项目上的得分均最低。网络风险项目发生在其他人身上的可能性方面，河南也只有一项即网络病毒的得分略低于重庆。山东除黑客攻击这一项得分高于河南与重庆外，其余12项的得分均是这三个地区中最低的。当计算网络风险项目发生在所有人身上的可能性时，河南每一项的得分均高于重庆。而山东除黑客攻击的得分高于河南与重庆之外，其余12项的得分均垫底。所以，在网络风险项目发生的可能性方面，河南青少年感受到的风险最高，重庆次之，山东最低。

从网络风险项目发生后果的严重程度来看，所得结果和发生的可能性大体相似。河南在大多数网络风险项目上的得分均高于重庆，而重庆又高于山东。当要求青少年回答网络风险项目发生在其本人身上的后果严重程度时，河南除网络暴力、网络病毒、黑客攻击、资料丢失和费用超支等5个项目的得分略低于重庆外，其余8个项目的得分均高于重庆。山东除垃圾信息、网络病毒、黑客攻击和费用超支等4个项目的得分高于或等于山东与重庆外，其余9个网络风险项目的得分均在三个地区中最低。当要求青少年回答网络风险项目发生在其他人身上的后果严重程度时，河南在网络诈骗、网络暴力、恶意骚扰和网络病毒等4个项目上的得分低于重庆，在黑客攻击和费用超支这两个项目上的得分和重庆持平，其余7个项目的得分均高于重庆。山东则除了网络病毒的得分和河南相同，其余12个项目的得分均垫底。青少年认为当网络风险项目发生在所有人身上时，其后果的严重程度，河南除网络暴力、恶意骚扰、网络病毒、黑客攻击和费用超支等5个项目外，其余8个网络风险项目的得分均高于重庆。山东在垃圾信息、网络病毒、黑客攻击和网络故障等4个项目上的得分高于或等于河南与重庆，其余项目的得分均为最低。所以，从网络风险项目发生后果的严重程度来看，河南青少年感受到的网络风险也最高，山东最低。与网络风险项目发生的可能性略有不同的是，在发生后果的严重程度方面，河南虽网络风险项目得分高于重庆的要略多，但差距并不如发生的可能性那样明显。

当结合网络风险项目发生的可能性和后果的严重程度两方面情况，对青少年网络风险认知进行综合考察时，所得结论依然是河南的总体得分最高，重庆次之，山东最低。具体表现在：发生在青少年本人身上的网络风险项目得分情况是，河南除网络病毒和费用超支两个项目的得分低于重庆外，其余项目得分均高于重庆。山东则除黑客攻击得分在三个地区最高外，其余项目的得分均最低。发生在其他人身上的网络风险项目得分基本维持这种状态。除网络病毒和网络诈骗两个项目外，河南在其余 11 个项目上的得分均低于重庆。山东除黑客攻击外，所有项目得分均为三个地区中最低。网络风险项目发生在所有人身上的得分情况是，除网络病毒和费用超支低于重庆，河南的其余 11 个网络风险项目得分均高于重庆。山东除黑客攻击外，所有项目得分依然最低。所有这些都表明，即便对青少年网络风险认知进行综合考察，结果依然是，河南青少年感受到的网络风险最高，重庆次之，山东最低。

除地区差异外，青少年网络风险认知还存在"基本偏差"。这种认知的偏差体现在两方面：一是青少年认为其本人遭遇的网络风险要小于其他人。除极个别情况之外①，无论是网络风险项目发生的可能性还是后果的严重程度，或是两者的综合，在绝大多数网络风险项目上，青少年认为发生在其本人身上的得分均要低于其他人。这意味着，相对于其他人而言，青少年认为这些网络风险项目不大可能发生在自己身上。即便发生了，所产生的后果也不如发生在其他人身上严重。这是一种典型的乐观偏见。二是对某些网络风险项目的认知存在偏差。以全国情况为例。青少年认为，其他人面临的网络风险，从高到低依次为：隐私泄露、网络诈骗、网络成瘾、不良信息、垃圾信息、资料丢失、恶意骚扰、网络暴力、网络病毒、买到次品、费用超支、网络故障和黑客攻击；但其本人所面临的网络风险，从高到低则转变为：隐私泄露、买到次品、不良信息、网络故障、垃圾信息、网络病毒、网络诈骗、资料丢失、网络成瘾、恶意骚扰、费用超支、网络暴力和黑客攻击。虽然青少年认为，无论是对青少年本人和对其他人，隐私泄露都是最大的风险，遭受黑客攻击的风险都最小，但

---

① 这里所说的极个别情况指的是，在网络风险项目发生后果的严重程度方面，山东青少年认为网络成瘾发生在其本人身上的得分是 4.09，发生在其他人身上的得分是 4.08，发生在青少年本人身上的得分要高于其他人。

对其他人而言风险较大的网络诈骗（排名第2）和网络成瘾（排名第3），到了青少年本人这里，则分别下降到第7位和第9位。即青少年认为，相对于其他人而言，其本人不大可能遭遇网络诈骗和网络成瘾。相反，青少年认为，对其他人而言，风险较小的买到次品（第10位）和网络故障（第12位），到了青少年本人这里，则分别上升到第2位和第4位。即相对于其他人而言，青少年认为其本人更可能买到次品和遭遇网络故障。

第二，青少年网络风险认知水平在性别、年龄等方面具有显著差异。

研究结果发现，性别、年龄、年级、户籍所在地、母亲文化程度、家庭经济状况、家庭社会地位和地区不同的青少年在网络风险认知水平上存在显著差异。具体来说就是，随着年龄的增长和学习阶段的上升，青少年感受到的网络风险也越来越高。初中阶段，低风险认知组的人数显著多于高风险认知组；到了高中阶段，高风险认知组的人数开始反超；到了大学阶段，这种趋势继续保持，并且高风险认知组的人数越来越多。此外，女性相对于男性，户籍所在地为农村的相对于户籍所在地为城镇的，母亲文化程度为初中及以下的相对于母亲文化程度为初中以上的，家庭经济处于平均水平以下的相对于家庭经济处于平均水平或平均水平以上的，家庭社会地位处于中层以下的相对于家庭社会地位处于中层或中层以上的，河南、重庆的相对于山东的，感受到的网络风险更高。研究还发现，身体健康状况、父亲文化程度、父母职业等不同的青少年在网络风险认知水平上不存在显著差异。

第三，青少年网络风险认知受到个人因素、家庭因素和社会因素等多种因素的影响①。

研究结果表明，影响青少年网络风险认知的个人因素，按影响程度排序，从大到小依次是文化程度、每日上网时长、网络信任、性别、网络使用熟练程度和网龄。其中，具有高中文化的相对于具有初中文化的，每日上网时长在4小时以上的相对于每日上网时长为2~3小时的，女性相对于男性，网络使用比较熟练和不太熟练的相对于网络使用熟练程度一般的，网龄在13年及以上的相对于网龄在5~12年的，感知到的网络风险更大。在网络信任方面，同意网络中的绝大多数人都可以信任的青少年比同意程度一般的青少年感知到的网络风险更大，而很不同意者感知到的网络风险却要比同意程度一般者要小。

影响青少年网络风险认知的家庭因素主要有家庭所在区域和家人网络风险

①　需再次指出的是，对青少年网络风险认知的影响因素分析虽也涉及性别、年龄、家庭经济状况和家庭社会地位等，但它和青少年网络风险认知水平在性别、年龄等方面的差异比较并不是一回事。这在第三章和第四章中已有特别说明。

经历这两个因素。其中，中部地区的相对于东部地区的，家人有过网络风险经历的相对于家人没有过网络风险经历的，感知到的网络风险更大。

影响青少年网络风险认知的社会因素主要有同辈群体网络风险经历、同辈群体网络风险沟通、媒介传播、学校网络风险教育效果、网络行为类型和网络活动场所。其中，同辈群体中有人有过网络风险经历的相对于同辈群体中无人有过网络风险经历的，同辈群体间经常交流的相对于同辈群体间偶尔交流的，同辈群体间偶尔交流的相对于同辈群体间从不交流的，所在学校网络风险教育效果一般的相对于所在学校网络风险教育效果好的，感知到的网络风险更大。

第四，网络风险认知水平不同的青少年在网络风险防范措施的采取上也存在显著差异。

把青少年网络风险认知水平分为高风险认知组和低风险认知组。研究结果发现，相对于低风险认知组而言，高风险认知组的青少年在网络信息获取、网络交流沟通、网络娱乐和网络商务交易过程中，会采取更多的网络风险防范措施。

研究还发现，除性别之外，年龄、文化程度、家庭经济状况、家庭社会地位和地区等变量还在网络风险认知水平对青少年网络风险防范措施采取的影响中起到调节作用。具体来说就是，网络风险认知水平对青少年网络信息获取、网络交流沟通、网络娱乐和网络商务交易时网络风险防范措施采取的影响，在12~15岁组和16~18岁组青少年间差异均不显著，在16~18岁组和19~24岁组青少年间差异则都显著；在初中文化程度和高中文化程度青少年间差异均不显著，在高中文化程度和大学文化程度青少年间差异则都显著。而网络风险认知水平对青少年网络信息获取时网络风险防范措施采取的影响，在家庭经济处于平均水平与平均水平以下青少年间差异不显著，在家庭经济处于平均水平与平均水平以上青少年间差异则显著；在家庭社会地位处于中层与中层以上青少年间差异显著，在家庭社会地位处于中层与中层以下青少年间差异则不显著；在河南青少年与山东、重庆青少年间的差异均显著。网络风险认知水平对青少年网络交流沟通和网络娱乐时网络风险防范措施采取的影响，在家庭经济处于平均水平与平均水平以下青少年间、平均水平与平均水平以上青少年间差异均不显著；在家庭社会地位处于中层与中层以上、中层以下青少年间差异也均不显著；在河南青少年与山东青少年间差异显著，在河南青少年与重庆青少年间的差异则不显著。网络风险认知水平对青少年网络商务交易时网络风险防范措施采取的影响，在家庭经济处于平均水平与平均水平以下青少年间差异不显著，在家庭经济处于平均水平与平均水平以上青少年间差异则显著；在家庭社会地位处于中层与中层以上、中层以下青少年间差异均不显著；在河南青少年与山东青少年间差异显著，在河南青少年与重庆青少年间的差异则不显著。

第五，构建出了以青少年为中心的网络风险治理模式。

借鉴欧盟的风险治理模式，结合青少年自身的身心发展特征，本研究认为，对以青少年为中心的网络风险治理，应以网络风险预防为主、以网络风险分析为框架、以网络风险政策的建立与完善为保障，建立起从网络风险预防到网络风险分析再到网络风险政策保障、可良性循环的网络风险治理模式。

二、相关问题讨论

（一）网络风险认知的测量

在本研究中，我们采用李克特量表形式，从网络风险发生的可能性和后果的严重程度两个方面对青少年网络风险认知进行了测量，并将青少年在网络风险发生可能性上的得分和在后果严重程度上的得分相乘，将其结果视为青少年网络风险认知的得分。得分越高，表明青少年感受到的网络风险越大。虽然将风险认知分为发生的可能性和发生后果的严重程度两方面，并将所得结果相乘，有充分的理论依据，也有先例可循，但诚如我们在风险认知相关文献的回顾中所提及那样，对风险认知的测量并不只有这一种方法。实质上，在如何对风险认知进行测量方面，有着不同的争论。

对风险认知的测量，涉及对风险认知的维度理解。把风险认知分为对风险发生的可能性和后果的严重程度两方面的认知，这被视为风险认知的双因素模型，也称为不确定性后果法。风险认知理论最早被市场研究人员用来理解顾客在拥有不完全信息情境下，做出的购买决定对其消费行为的影响[①]。1967 年，Cox 和 Cunningham 首次提出，人们感知到的风险由不确定性和负面后果两部分构成[②]。也正是在二维视角下，风险认知被认为是对危害发生可能性和发生后果严重程度认知的组合。风险认知虽被认为是对危害发生可能性和发生后果严

---

① SUSAN A HORNIBROOK, MARY MCCARTHY, ANDREW FEARNE. Consumers' perception of risk：the case of beef purchases in Irish supermarkets［J］. International Journal of Retail & Distribution Management, 2005, 33（10）：703.

② CUNNINGHAM S M. The major dimensions of perceived risk［A］. Cox, D. F.（ed.）. Risk Taking and Information Handling in Consumer Behaviour［C］. Boston：Harvard University Press, 1967：82-108.

重程度认知的组合，但在如何组合上，却有不同看法。一种比较典型的做法，是将发生的可能性和发生后果的严重程度相乘。除此之外，也有研究者认为，应将发生的可能性和发生后果的严重程度相加，然后求其均值①。甚至还有研究者认为，应该从发生的可能性和发生后果的严重程度两方面分别计算②。无论是将发生的可能性和发生后果的严重程度相乘还是求其均值，对风险认知的这种技术处理都面临如下两方面批评：一是对于许多危害而言，其发生的可能性及可能产生的负面后果，人们并不完全知晓。因而，与其说是风险还不如说是不确定性。二是相对于发生的可能性而言，风险认知更容易受到发生后果严重程度的影响③。

除双因素模型之外，风险认知的理论模型中还有多因素模型，即认为风险认知由两个以上的维度构成。这主要从损失的后果来考察。如 Dowling（1986）指出，在消费领域，损失的类型包括财务损失、性能损失、时间损失、生理损失和心理损失④。在消费风险认知领域，较为公认的损失类型主要有六种，即金钱损失、性能损失、生理损失、心理损失、社会损失和时间损失。不同的维度下面，再用不同具体指标进行测量。在国内，有学者将风险认知划分为三个维度，即风险知识、风险态度和风险行为⑤。也有学者在环境风险认知水平测量中，将风险认知区分为四个维度，即环境风险知识、环境风险态度、环境风险行为意愿和环境风险行为⑥。

对风险认知测量方法的不同导致的后果就是，在所得结果上会出现细微的差异。在本研究中，我们采用的是双因素模型。现在我们分别采用发生可能性得分和发生后果严重程度得分相乘，及发生可能性得分和发生后果严重程度得分相加求均值这两种计算网络风险认知得分的方法，看看所得结果会呈现出怎样的差异。采用全国数据，以第二章中发生在所有人身上的网络风险项目计分为例。所得结果如表 7.1 所示：

① RUTH M W, YEUNG, JOE MORRIS. Food safety risk: consumer perception and purchase behaviour [J]. British Food Journal, 2001, 103 (3): 170-186.

② RUTH M W, YEUNG, WALLACE M S, et al. Risk reduction: an insight from the UK poultry industry [J]. Nutrition & Food Science, 2003, 33 (5): 219-229.

③ DIAMOND W D. The effect of probability and consequence levels on the focus of consumer judgements in risky situation [J]. Journal of Consumer Research, 1988, 15 (2): 280-283.

④ DOWLING G R. Perceived risk: the concept and its measurement [J]. Psychology and Marketing, 1986, 3 (3): 193-210.

⑤ 李景宜. 公众风险感知评价：以高校在校生为例 [J]. 自然灾害学报, 2005 (6): 153-156.

⑥ 陈绍军, 胥鉴霖. 垃圾焚烧发电项目邻近公众环境风险认知水平测量：以 K 市两个垃圾焚烧发电项目为例 [J]. 生态经济, 2014 (10): 24-27.

表7.1　基于不同算法的发生在所有人身上的网络风险项目得分及排序

网络风险项目	算法：相乘		算法：相加求均值	
	得分	排序	得分	排序
隐私泄露	15.68	1	3.94	1
网络诈骗	13.80	2	3.72	2
不良信息	13.75	3	3.69	3
网络成瘾	13.48	4	3.68	4
垃圾信息	13.46	5	3.66	5
买到次品	13.32	6	3.62	8
网络病毒	13.26	7	3.639	6
资料丢失	13.17	8	3.637	7
网络故障	13.06	9	3.58	9
恶意骚扰	12.65	10	3.564	10
网络暴力	12.42	11	3.562	11
费用超支	12.24	12	3.48	12
黑客攻击	10.48	13	3.31	13

　　由表7.1可知，计算网络风险项目的得分，无论是采用把发生可能性得分和发生后果严重程度得分相乘还是相加求均值，虽然每个网络风险项目的绝对分值有较大变化，但从网络风险项目得分的排序情况来看，这两种算分所得结果基本一致。与采用相乘方法所得结果相比，采用相加求均值所得结果中，除了买到次品这个项目由第六位降到第八位，进而导致网络病毒和资料丢失这两个网络风险项目的位次相应地各自前进一位之外，其他网络风险项目的位次均没有发生任何变动。这既说明这两种计分方法所得结果具有高度一致性，也说明所得结果之间可能会存在细微的不同。这提醒我们，对运用不同方法所得的风险认知结果应保持必要的审慎之心。

（二）网络风险的社会放大

　　我们的研究表明，无论是在发生的可能性还是发生后果的严重程度方面，或是对这两方面的综合考察，青少年对隐私泄露、不良信息和垃圾信息等13个网络风险项目的认知情况各不相同。以表7.1中的数据为例。为什么隐私泄露、网络诈骗和不良信息的得分位居前三，而网络暴力、费用超支和黑客攻击的得分却处末位呢？是隐私泄露、网络诈骗和不良信息这三项的风险本来就大于网络暴力、费用超支和黑客攻击，还是因为其他原因，导致青少年认为隐私泄露、网络诈骗和不良信息这三项的风险要大于网络暴力、费用超支和黑客攻击？从我们的研究结果来看，青少年网络风险认知受到个人因素、家庭因素和社会因素等多种因素影响，青少年之所以认为隐私泄露、网络诈骗和不良信息这三项的风险要大于网络暴力、费用超支和黑客攻击，必然是个人因素、家庭环境因素和社会环境因素等多种因素综合作用的结果，而不能简单归结为隐私泄露、网络诈骗和不良信息这三项的风险本来就大于网络暴力、费用超支和黑客攻击。那青少年感知到的隐私泄露、网络诈骗和不良信息风险为什么会大于网络暴力、费用超支和黑客攻击呢？要回答这一问题，就不得不提及网络风险的社会放大。

　　放大，指信息在由传播源到达信息接收者的过程中，信号得到加强或是减弱。风险的社会放大框架由美国克拉克大学的卡斯帕森等人于 1988 年首次提出。它的主要论点是："风险与心理、社会、制度和文化进程互动，会强化或弱化公众对风险或风险事件的反应。"[①] 风险的社会放大的基本假设是："除非人们观察到风险并对其进行相互沟通，或许'风险事件'，包括实际或假设的事故与事件（或甚至是对现存风险的新闻报道），在很大程度上都与一般人不相干或只会被局限于很小范围内……作为这种沟通的关键部分，风险、风险事件及它们两者的特质被用各种风险信号（图像、标记和象征）进行描述，这一过程反过来以强化或弱化风险认知及其可控性的方式，与心理、社会、机构或文化过程相互作用……在这一框架内，只有通过与风险事件相关的物理伤害、塑造对风险事件解读的社会文化进程、风险事件引发的次级与三级效应以及风险管理者和公众采取的行动之间的互动，才能对风险体验进行适当评估。"[②] 对风险进行放大的"放大站"包括：执行和传达风险技术评估的科学家、风险管理机构、新闻媒体、积极的社会组织、社会团体中的意见领袖、同辈群体和参照群体的个人关系网、公共机构等。图 7.1 较为详细地展示了风险是如何被放大的[③]：

---

　　① 珍妮·X卡斯帕森，罗杰·E卡斯帕森. 风险的社会视野（上）[M]. 童蕴芝，译. 北京：中国劳动社会保障出版社，2010：79.

　　② 珍妮·X卡斯帕森，罗杰·E卡斯帕森. 风险的社会视野（上）[M]. 童蕴芝，译. 北京：中国劳动社会保障出版社，2010：185.

　　③ ROGER E KASPERSON, ORTWIN RENN, PAUL SLOVIC, et al. The social amplification of risk: a conceptual framework [J]. Risk Analysis, 1988, 8 (2)：183.

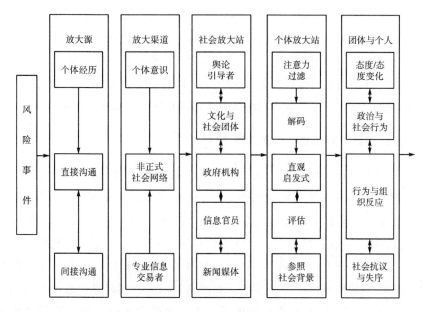

图 7.1 风险的社会放大概念框架（节选）

由图 7.1 可知，风险经个体、社会团体和组织等"放大站"时，在心理、社会等因素的共同作用下，产生风险强化或是风险弱化现象，最终实现对公众风险认知的影响。其中，舆论引导者、文化与社会团体、政府机构、信息官员、新闻媒体、个人等风险信息或风险事件的传播者以及团体和个人的反应等社会响应机制等，都可起到风险的放大作用。

青少年对隐私泄露、网络诈骗等网络风险的认知，无疑也是个人、社会团体和组织等放大之后的结果。例如，研究中虽然我们未能证实媒介传播弱化青少年对网络风险的认知，却发现媒介传播可强化青少年对网络风险的认知。媒介传播，如果从广义上来说，包括新闻报道、网络上的言论特别是网络意见领袖的言论、政府机构发布的公告、政策等，它们都在共同塑造着青少年对网络风险的认知。而也正是在媒介传播的影响下，青少年对某些网络风险的认知得到强化或是弱化。当然，反过来，如果我们要有意识地对青少年网络风险认知进行引导，那从媒介传播方向着手，是可行的路径之一。

风险的社会放大框架一定程度上能把影响青少年网络风险认知的因素纳入其中，较好地解释青少年网络风险认知是如何在这些因素影响下发生变化的。但至少从目前来看，这个框架还存在一些不足。例如，影响青少年网络风险认知的人口统计变量和家庭因素在这个框架中应处于何种位置？个人、社会团体和组织间的复杂互动，以及新闻媒体在有关网络风险的报道方式、报道量、报道内容方面是如何影响青少年对网络风险的认知的？这些都还有待于做进一步的考察和完善。可以预期的是，在明确青少年网络风险认知影响因素的基础上，构建一个综合性的解释框架，说明青少年对网络风险的认知是如何被强化或是弱化的，将是未来青少年网络风险认知研究值得探讨的一个方向。

（三）网络风险认知的文化差异

风险认知存在文化差异，这一点已为国内外相关研究所证实。在国外，Robert N. Bontempo 等通过对中国香港、中国台湾、荷兰和美国等四个地区大学生金融风险认知的调查发现，相对于荷兰与美国大学生而言，中国香港和中国台湾这两个地区的大学生，更加关注潜在损失的程度，而较少受到积极结果发生可能性的影响①。Daniel Wight 的研究表明，通过聚焦于当前的职业和合伙事业的发展阶段这两个文化因素，英国格拉斯哥的年轻异性恋男性对 HIV 的风险认知，部分受到与他们的生活方式及友谊团体相关的文化意义所影响②。Gülbanu Kaptan 等对 536 名土耳其大学生和 298 名以色列大学生的调查发现，价值观和恐怖袭击风险认知之间存在关联③。Elaine Gierlach 等对日本、阿根廷和北美三地精神卫生工作者的调查结果则显示，在灾害风险认知方面，日本、阿根廷和北美三地精神卫生工作者存在跨文化差异④。

国内也有学者证实了风险认知中的文化差异。一项有关环境风险认知的研究结果表明，价值观对环境风险认知具有显著影响。研究者以中美两国大学生为调查样本，结果发现：相对于美国参与者，中国参与者更加关注环境变化带来的各类风险，并且感知到的环境问题对人类健康、环境本身和经济社会发展的风险更高⑤。另有研究者发现，对血液捐赠风险的认知也受到文化因素的影响。具体来说就是，阻碍公众血液捐赠的原因之一即在于公众担心献血会

① ROBERT N BONTEMPO, WILLIAM P BOTTOM, ELKE U WEBER. Cross-cultural differences in risk perception: a model-based approach [J]. Risk Analysis, 1997, 17 (4): 479-488.

② DANIEL WIGHT. Cultural factors in young heterosexual men's perception of HIV risk [J]. Sociology of Health & Illness, 1999, 21 (6): 735-758.

③ GÜLBANU KAPTAN, SHOSHANA SHILOH, DILEK ÖNKAL. Values and risk perceptions: a cross-cultural examination [J]. Risk Analysis, 2013, 33 (2): 318-332.

④ ELAINE GIERLACH, BRADLEY E BELSHER, LARRY E BEUTLER. Cross - cultural differences in risk perceptions of disasters [J]. Risk Analysis, 2010, 30 (10): 1539-1549.

⑤ 段红霞. 跨文化社会价值观和环境风险认知的研究 [J]. 社会科学, 2009 (6): 78-85.

"伤身"和"染病"。而这种认知是传统血液文化和历史供血制度延续的结果。一方面，中医认为血液是生命之本，献血意味着伤身；另一方面，义务献血和买卖用血加重了人们对献血"无偿"和"健康"的怀疑①。更有研究者探讨了文化背景、价值观和生活经验等文化因素对公众技术风险认知的影响。其中，文化背景用学历和职业、价值观用公众态度、生活经验用是否经历过类似风险事件分别进行测量。研究结果发现，学历、职业、公众态度和风险经历与技术风险认知水平显著相关②。

参照已有研究，如果也从文化背景、价值观和生活经验等方面来探讨文化因素对青少年网络风险认知的影响，那么，在本研究中，我们也发现了青少年网络风险认知中的文化差异。如果文化背景用文化程度、价值观用网络信任、生活经验用网络使用熟练程度和是否有过网络风险经历来分别进行测量，那么，我们的研究也发现，文化程度、网络信任、网络使用熟练程度和网络风险经历等文化因素对青少年网络风险认知具有显著影响。此外，我们的研究还发现，家庭所在区域不同青少年在网络风险认知上也存在显著差异。除极个别情况之外，无论是网络风险发生的可能性还是后果的严重程度方面，在绝大多数网络风险项目上，山东青少年的得分基本上都最低。虽然我们不能因此就断定这里面一定存在文化的差异，但考虑到山东是儒家文化的发祥地，深受传统文化影响，至少我们有理由怀疑青少年网络风险认知中所呈现的地域差别，部分是由于山东、河南和重庆三地在亚文化上的差异所导致的。循着这样的思路，在国内，探查亚文化不同的青少年群体在网络风险认知上是否存在显著差异；在国际上，比较隶属不同文化圈的不同国家或地区青少年在网络风险认知上是否存在显著差异，这将是未来青少年网络风险认知研究值得努力的一个方向。

文化是一个较为抽象的概念，可从多个层面进行理解。大体而言，文化具有三个层面，即最表层的物态层面的文化（也称"器物文化"）、制度和行为层面的文化和意识形态层面的文化。从已有研究来看，对风险认知中文化差异的比较要么只涉及一些较为具体的部分，如学历、风险经历等；要么只笼统提及大的文化上的差异，如不同国家或地区之间的区别。实质上，文化的范畴远不止这些。在大的文化范畴内，还有哪些文化因素与风险认知，或者我们这里所说的青少年网络风险认知相关，这些文化因素又是如何对风险认知产生影响

---

① 余成普. 中国公民血液捐赠的风险认知及其文化根源 [J]. 思想战线, 2013 (2): 1-8.
② 王娟. 影响技术风险认知的社会文化建构因素 [J]. 自然辩证法研究, 2013 (8): 92-98.

的，这些都还需做进一步探讨。具体到我国，自汉末以来，我国已形成了一个以儒家思想为主，以释、道为辅的传统文化形态。而近代以来大量西方文化的涌入，以及中国传统文化为适应社会发展所做出的变革，使得我国现有文化呈现出多样化态势。在这种多样化态势下，文化因素是如何形塑青少年网络风险认知，以及文化的变迁又对青少年网络风险认知带来何种影响，这些都是有意义也值得深入探讨的话题。

（四）网络风险认知与网络风险（防范）行为

在对网络风险认知进行探讨时，一个不可回避的话题即是，网络风险认知与网络风险（防范）行为之间的关系。在本研究当中，网络风险认知与网络风险（防范）行为相关的话题有两个：一是网络行为类型对青少年网络风险认知的影响。我们的研究发现，至少在对遭遇网络风险可能性大小的评判方面，青少年的网络风险认知受到他们正在从事的网络行为类型的影响。二是网络风险认知对网络行为的影响。研究结果表明，网络风险认知水平不同的青少年在网络防范措施的采取上也存在显著差异，即高风险认知组的青少年在网络风险防范措施的采取上也要显著多于低风险认知组青少年，且年龄、文化程度、家庭经济状况、家庭社会地位和地区等，在青少年的网络风险认知和网络风险防范措施的采取之间起到不同程度的调节作用。如果把网络信息获取行为、网络交流沟通行为、网络娱乐行为和网络商务交易行为等统称为网络风险行为，把网络防范措施的采取称为网络风险防范行为，那这里涉及的实质是网络风险认知与网络风险行为和网络风险防范行为之间的关系。

风险认知、风险行为和风险防范行为这三者之间的关系，如果用图来表示的话，可简示如图7.2所示：

图7.2　风险认知与风险行为、风险防范行为之间的关系

由图7.2可知，风险认知与风险行为、风险防范行为之间至少存在四种类型的关系：第一种，风险认知对风险行为的影响。从已有文献来看，这方面的研究不少。风险认知对风险行为的影响，主要有两种：认为从事某项行为的风险越高，越不可能从事该项行为；以及认为从事某项行为的风险越高，越可能从事该项行为。这两种相反的结果都得到了相关文献支持，且有学者对在什么条件下呈现何种结果进行了分析。这在第一章有关风险认知的文献回顾中已有较为详细的介绍。第二种，风险行为对风险认知的影响。它包括：因所从事的风险行为不同，行为者感受到的风险也不相同；以及当从事某风险行为之后，这一经历或是体验又反过来影响对该行为的风险认知。前者如青少年对吸烟、酗酒等行为的风险认知也不相同。后者更多地用风险经历来体现。如有过吸烟经历和没有过吸烟经历的青少年在对吸烟风险认知上的差异，反映的就是这一点。第三种，风险认知对风险防范行为的影响。这是风险认知研究中关注较多的一个领域。通常的情况是，感受到的风险越大，越可能采取较多的风险防范行为。例如，一项关于生猪疫病风险认知对养猪户生物安全行为影响的研究，结果就发现，养猪户生猪疫病风险认知对其生物安全行为采纳有显著影响。具体来说就是，养殖户对生猪病原的认知水平越高，其对病原的危害性、传播途径和毒力等会有更清楚的认识，更能知道该从哪些方面进行生物安全建设，其会采纳更多的生物安全行为[1]。在一项关于农民对农村风险认知的研究中，研究者也得出类似结论：农民感知到的风险越大，越倾向于将自己的内心世界封闭起来，消极参与或不参与政治生活[2]。第四种，风险防范行为对风险认知的影响。目前关于这方面的探讨较少，更多的是停留在第三种，即风险认知对风险防范行为的影响上。

关于风险认知与风险防范行为之间的关系，虽然大量研究都认为，他们之间是一种正相关关系，即感知到的风险越高，越可能采取较多或是较严格的风险防范行为，但也有研究者认为，风险认知和风险防范行为之间的这种正相关关系并无理论和实验依据。理由之一是，那种认为风险认知和风险防范行为之间呈正相关关系的观点，没有考虑到风险防范措施的采取对风险认知的反馈作用，即我们这里所说的第四种情况[3]。具体如图7.3所示：

———————————

① 周勋章，杨江澜，徐笑然，等. 不同养殖规模下生猪疫病风险认知对养猪户生物安全行为的影响：基于河北省786个养猪户的调查 [J]. 中国农业大学学报, 2020 (3)：214-224.

② 谢治菊. 西部地区农民对农村社会的风险感知与行为选择 [J]. 南京农业大学学报（社会科学版）, 2013 (4)：12-21.

③ P. BUBECK, J W BOTZEN, J H AERTS. A review of risk perceptions and other factors that influence flood mitigation behavior [J]. Risk Analysis, 2012, 32 (9)：1481-1495.

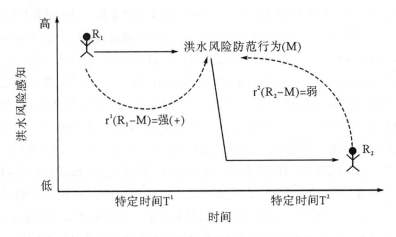

图7.3 风险认知与风险防范行为关系的评估

P. Bubeck 等以洪水风险认知和洪水风险防范行为之间的关系为例，对风险认知与风险防范行为之间的关系进行了评估。P. Bubeck 等认为，假设在某个特定时间（T^1），某人有着很高的洪水风险认知（R_1），于是，他（或她）就采取积极措施（M），如提升建筑物等，来减轻洪水可能带来的风险。在这里，洪水风险认知（R_1）和洪水风险防范行为（M）之间的关系（r^1）就呈现出一种强正相关关系。在采取了相应的风险防范行为之后，他（或她）感受到的洪水风险就没有原来那么高了，于是，感知到的洪水风险由原来的 R_1 变成了 R_2。如果我们换个时间点（T^2）来测量洪水风险认知和洪水风险防范行为之间的关系，这时，洪水风险认知（R_2）和洪水风险防范行为（M）之间的关系（r^2）就变弱了。我们所能看到的是，低的洪水风险认知引发了诸多洪水风险防范行为。事实上，不是低的洪水风险认知引发了诸多洪水风险防范行为，而是因为采取的洪水风险防范行为，降低了对洪水风险的认知。所以，要测量洪水风险认知与风险防范行为之间的关系，要排除洪水风险防范行为的采取对洪水风险认知的影响。

按照图7.2中所示的风险认知与风险行为、风险防范行为之间的关系，本研究涉及的是第二和第三这两种情况，对第一和第四这两种情况还缺乏探讨。所以，从类型学的角度来看，未来关于网络风险认知的研究中，可增强对第一种情况，即网络风险认知对网络风险行为的影响，以及第四种情况，网络风险防范行为对网络风险认知的影响的探讨。在已探讨的第三种情况，即网络风险认知对网络风险防范行为的影响中，我们的研究表明，无论是在网络信息获取、网络交流沟通、网络娱乐和网络商务交易等过程中，不同网络风险认知水平的青少年在网络安全防范措施的采取上都存在显著差异。进一步的相关分析发现，虽然网络风险认知和网络安全防范措施的采取之间具有显著的正相关关系，但相关系数却很小。以网络风险认知与网络信息获取过程中的网络安全防范措施采取之间的关系为例。相关分析结果表明，网络风险认知与网络安全防范措施采取之间的相关系数为 0.067，在 0.01 的水平上具有显著性。网络风险认知与网络安全防范措施采取之间虽然关系显著，但相关度较低。造成这种状况的原因就在于，我们询问的是被调查者采取过哪些网络安全防范措施。换句话说，当被调查者回答我们的问题时，他们已经采取过相应的网络安全防范措施。按照图 7.3 所示，因为网络安全防范措施的采取，降低了对网络风险的认知，进而导致网络风险认知和网络安全防范措施采取之间的关系减弱。所以，准确地说，我们的研究只是证实了网络风险认知对网络风险防范行为有影响，但对网络风险认知与网络风险防范行为之间的相关性到底有多大，并未能进行精准的测量，因为我们无法排除网络风险防范行为对网络风险认知的影响。这也提醒我们，若要精准测量网络风险认知与网络风险防范行为之间的关系，应充分考虑网络风险防范行为采取后，网络风险认知所发生的变化。否则，就无法真正认识网络风险认知与网络风险防范行为之间的关系。

主要参考文献

一、中文部分

1. 安东尼·吉登斯. 现代性的后果 [M]. 田禾, 译. 南京: 译林出版社, 2011.

2. 奥尔特温·雷恩, 伯内德·罗尔曼. 跨文化的风险感知 [M]. 赵延东, 张虎彪, 译. 南京: 南京大学出版社, 2004.

3. 保罗·斯洛维奇. T风险的感知 [M]. 赵延东, 林土垚, 冯欣, 等译. 北京: 北京出版社, 2007.

4. 戴佳, 曾繁旭, 郭倩. 风险沟通中的专家依赖: 以转基因技术报道为例 [J]. 新闻与传播研究, 2015 (5).

5. 戴维·迈尔斯. 社会心理学 [M]. 张智勇, 乐国家, 侯玉波, 等译. 北京: 人民邮电出版社, 2016.

6. 郭玉锦, 王欢. 网络社会学 [M]. 北京: 中国人民大学出版社, 2017.

7. 何明升. 网络社会学导论 [M]. 北京: 北京大学出版社, 2020.

8. 黄河, 刘琳琳. 风险沟通如何做到以受众为中心: 兼论风险沟通的演进和受众角色的变化 [J]. 国际新闻界, 2015 (6).

9. 黄河, 王芳菲, 邵立. 心智模型视角下风险认知差距的探寻与弥合: 基于邻避项目风险沟通的实证研究 [J]. 新闻与传播研究, 2020 (9).

10. 黄清. 数字化风险传播与公众风险感知研究 [M]. 浙江: 浙江大学出版社, 2020.

11. 黄少华. 城市居民网络政治参与行为研究 [M]. 北京: 科学出版社, 2017.

12. 黄少华. 网络空间的社会行为: 青少年网络行为研究 [M]. 北京: 人民出版社, 2008.

13. 姜晓萍. 社会风险治理 [M]. 北京: 中国人民大学出版社, 2017.

14. 雷开春. 青年网络集体行动的社会心理机制研究 [M]. 上海：上海社会科学院出版社，2018.

15. 李一. 网络行为：一个网络社会学概念的简要分析 [J]. 兰州大学学报（社会科学版），2006（5）.

16. 理查德·谢弗，罗伯特·费尔德曼. 像社会学家一样思考 [M]. 梁爽，译. 北京：北京出版社，2018.

17. 刘波，杨芮，王彬. "多元协同"如何实现有效的风险沟通：态度、能力和关系质量的影响 [J]. 公共行政评论，2019（5）.

18. 刘华. 社会心理学 [M]. 浙江：浙江教育出版社，2009.

19. 刘少杰. 网络社会的结构变迁与演化趋势 [M]. 北京：中国人民大学出版社，2019.

20. 刘少杰. 中国网络社会研究报告 2018 [M]. 北京：中国人民大学出版社，2019.

21. 刘少杰. 中国网络社会研究报告 2019 [M]. 北京：中国人民大学出版社，2020.

22. 罗昕，支庭荣. 互联网治理蓝皮书：中国网络社会治理研究报告（2019）[M]. 北京：社会科学文献出版社，2019.

23. 尼克拉斯·卢曼. 风险社会学 [M]. 孙一洲，译. 南宁：广西人民出版社，2020.

24. 塞尔日·莫斯科维奇. 社会表征 [M]. 管健，译. 北京：中国人民大学出版社，2011.

25. 孙星. 风险管理 [M]. 北京：经济管理出版社，2007.

26. 王娟. 影响技术风险认知的社会文化建构因素 [J]. 北京：自然辩证法研究，2013（8）.

27. 王俊秀，杨宜音. 中国社会心态研究报告（2012—2013）[M]. 北京：社会科学文献出版社，2013.

28. 王俊秀. 社会心态理论：一种宏观社会心理学范式 [M]. 北京：社会科学文献出版社，2014.

29. 王庆. 环境风险的媒介建构与受众风险感知 [M]. 北京：中国传媒大学出版社，2017.

30. 威廉·杜瓦斯. 社会心理学的解释水平 [M]. 赵蜜，刘保中，译. 北京：中国人民大学出版社，2011.

31. 温忠麟，刘红云，候杰泰. 调节效应和中介效应分析 [M]. 北京：教育科学出版社，2012.

32. 乌尔里希·贝克. 风险社会 [M]. 何博闻, 译. 南京: 译林出版社, 2004.

33. 乌尔里希·贝克. 风险社会: 新的现代性之路 [M]. 张文杰, 何博闻, 译. 南京: 译林出版社, 2018.

34. 吴华. 大众风险感知: 组织污名形成的社会心理机制 [M]. 北京: 经济管理出版社, 2020.

35. 伍麟, 张璇. 风险感知研究中的心理测量范式 [J]. 南京师大学报 (社会科学版), 2012 (2).

36. 谢治菊. 西部地区农民对农村社会的风险感知与行为选择 [J]. 南京农业大学学报 (社会科学版), 2013 (4).

37. 杨海. 风险社会: 批判与超越 [M]. 北京: 人民出版社, 2017.

38. 杨宜音, 等. 当代中国社会心态研究 [M]. 北京: 社会科学文献出版社, 2013.

39. 余建华. 两种社会之间: 网络侵犯行为的社会学研究 [M]. 北京: 中国社会科学出版社, 2014.

40. 余建华, 孙丽. 国外风险认知研究: 回顾与前瞻 [J]. 灾害学, 2020 (1).

41. 余建华, 孙丽. 青少年网络风险认知的理论建构 [J]. 少年儿童研究, 2020 (5).

42. 张广利. 创新风险治理模式应着重关注现代风险 [J]. 人民论坛, 2019 (5).

43. 张海柱. 美国风险沟通研究: 欧盟风险治理的经验与启示 [J]. 科学研究, 2019 (1).

44. 张洁, 张涛甫. 美国风险沟通研究: 学术沿革、核心命题及其关键因素 [J]. 国际新闻界, 2009 (9).

45. 张涛甫, 姜华. 风险认知偏差与风险语境中的媒体 [J]. 学术月刊, 2020 (9).

46. 张文新. 青少年发展心理学 [M]. 山东: 山东人民出版社, 2002.

47. 珍妮·X卡斯帕森, 罗杰·E卡斯帕森. 风险的社会视野 (上) [M]. 童蕴芝, 译. 北京: 中国劳动社会保障出版社, 2010.

48. 周裕琼. 当代中国社会的网络谣言研究 [M]. 上海: 商务印书馆, 2012.

49. 朱正威, 刘泽照, 张小明. 国际风险治理: 理论、模态与趋势 [J]. 中国行政管理, 2014 (4).

二、英文部分

1. A J MAULE. Translating risk management knowledge: the lessons to be learned from research on the perception and communication of risk [J]. Risk Management, 2004, 6 (2): 17-29.

2. AARON WILDAVSKY, KARL DAKE. Theories of risk perception: who fears what and why? [J]. Daedalus, 1990, 119 (4): 41-60.

3. ADWIN BOSSCHAART, WILMAD KUIPER, JOOP VAN DER SCHEE, et al. The role of knowledge in students' flood-risk perception [J]. Nat Hazards, 2013, 69 (3): 1661-1680.

4. AHMET KILINC, EDWARD BOYES, MARTIN STANISSTREET. Exploring students' ideas about risks and benefits of nuclear power using risk perception theories [J]. Journal of Science Education and Technology, 2013, 22 (3): 252-266.

5. ALECK S OSTRY, CLYDE HERTZMAN, KAY TESCHKE. Community risk perception: a case study in a rural community hosting a waste site used by a large municipality [J]. Canadian Journal of Public Health, 1993, 84 (6): 415-418.

6. ALLAN MAZUR. Risk perception and news coverage across nations [J]. Risk Management, 2006, 8 (3): 149-174.

7. ANTHONY D MIYAZAKI, ANA FERNANDEZ. Consumer perceptions of privacy and security risks for online shopping [J]. The Journal of Consumer Affairs, 2001, 35 (1): 27-44.

8. BARUCH FISCHHOFF. Risk perception and communication unplugged: twenty years of process [J]. Risk Analysis, 1995, 15 (2): 137-145.

9. BARUCH FISCHHOFF, PAUL SLOVIC, SARAH LICHTENSTEIN, et al. How safe is safe enough? a psychometric study of attitudes towards technological risks and benefits [J]. Policy Science, 1978, 9 (2): 127-152.

10. BARUCH FISCHHOFF, STEPHEN R. WATSON, CHRIS HOPE. Defining risk [J]. Policy Science, 1984, 17 (2): 123-139.

11. BERND ROHRMANN. Risk perception of different societal groups: Australian findings and crossnational compaisons [J]. Australian Journal of Psychology, 1994, 46 (3): 150-163.

12. BJØRG-ELIN MOEN, TORBJØRN RUNDMO. Perception of transport risk in the Norwegian public [J]. Risk Management, 2006, 8 (1): 43-60.

13. BRITAIN MILLS, VALERIE F REYNA, STEVEN ESTRADA. Explaining contradictory relations between risk perception and risk taking [J]. Psychological Science, 2008, 19 (5): 429-433.

14. CHAUNCEY STARR. Social benefit versus technological risk [J]. Science, 1969, 165 (3899): 1232-1238.

15. CUNNINGHAM S M. The major dimensions of perceived risk [A]. Cox, D. F. (ed.). Risk Taking and Information Handling in Consumer Behaviour [C]. Boston: Harvard University Press, 1967, pp. 82-108.

16. DAN M KAHAN. Two conceptions of emotion in risk regulation [J]. University of Pennsylvania Law Review, 2008, 156 (3): 741-766.

17. DANIEL S CLASTER. Comparison of risk perception between delinquents and non-delinquents [J]. The Journal of Criminal Law, Criminology, and Police Science, 1967, 58 (1): 80-86.

18. DANIEL WIGHT. Cultural factors in young heterosexual men's perception of HIV risk [J]. Sociology of Health & Illness, 1999, 21 (6): 735-758.

19. DIAMOND W D. The effect of probability and consequence levels on the focus of consumer judgements in risky situation [J]. Journal of Consumer Research, 1988, 15 (2): 280-283.

20. DOROTHY NELKIN, MICHAEL BROWN. Observations on workers' perceptions of risk in the dangerous trades [J]. Science, Technology, & Human Values, 1984, 9 (2): 3-10.

21. DOWLING G R. Perceived risk: the concept and its measurement [J]. Psychology and Marketing, 1986, 3 (3): 193-210.

22. EDITH C ANADU, ANNA K HARDING. Risk perception and bottled water use [J]. Journal (American Water Works Association), 2000, 92 (11): 82-92.

23. ELAINE GIERLACH, BRADLEY E BELSHER, LARRY E. BEUTLER. Cross-cultural differences in risk perceptions of disasters [J]. Risk Analysis, 2010, 30 (10): 1539-1549.

24. ELKE U WEBER, CHRISTOPHER HSEE. Cross-cultural differences in risk perception, but cross-cultural similarities in attitudes towards perceived risk [J]. Management Science, 1998, 44 (9): 1205-1217.

25. ELKE U WEBER, RICHARD A. MILLIMAN. Perceived risk attitudes: relating risk perception to risky choice [J]. Management Science, 1997, 43 (2): 123-144.

26. EOIN O'NEILL, MICHAEL BRENNAN, FINBARR BRERETON. Exploring a spatial statistical approach to quantify flood risk perception using cognitive maps [J]. Natural Hazards, 2015, 76 (3): 1573-1601.

27. EWA LECHOWSKA. What determines flood risk perception? a review of factors of flood risk perception and relations between its basic elements [J]. Natural Hazards, 2018, 94 (3): 1341-1366.

28. FANGNAN CUI, YAOLONG LIU, YUANYUAN CHANG. An overview of tourism risk perception [J]. Natural Hazards, 2016, 82 (1): 643-658.

29. FRANCES RODRÍGUEZ-VANGORT, DAVID A NOVELO-CASANOVA. Volcanic risk perception in northern Chiapas, Mexico [J]. Nat Hazards, 2015, 76: 1281-1295.

30. FRANK SLOAN, ALYSSA PLATT. Information, risk perceptions, and smoking choices of youth [J]. Journal of Risk and Uncertainty, 2011, 42 (2): 161-193.

31. GEORGE LOEWENSTEIN, RICHARD STAELIN. Dynamic processes in risk perception [J]. Journal of Risk and Uncertainty, 1990, 3 (2): 155-175.

32. GEORGES DIONNE, CLAUDE FLUET, DENISE DESJARDINS. Predicted risk perception and risk-taking behavior: the case of impaired driving [J]. Journal of Risk and Uncertainty, 2007, 35 (3): 237-264.

33. GRAHAME R DOWLING, RICHARD STAELIN. A model of perceived risk and intended risk-handling activity [J]. Journal of Consumer Research, 1994, 21 (1): 119-134.

34. GREGORY W FISCHER, M GRANGER MORGAN, BARUCH FISCHHOFF, et al. What risks are people concerned about? [J]. Risk Analysis, 1991, 11 (2): 303-314.

35. GUADALUPE HERNÁNDEZ-MORENO, IRASEMA ALCÁNTARA-AYALA. Landslide risk perception in Mexico: a research gate into public awareness and knowledge [J]. Landslides, 2017, 14 (1): 351-371.

36. GÜLBANU KAPTAN, SHOSHANA SHILOH, DILEK ÖNKAL. Values and risk perceptions: a cross-cultural examination [J]. Risk Analysis, 2013, 33 (2): 318-332.

37. HEAN TAT KEH, JIN SUN. The complexities of perceived risk in cross-cultural services marketing [J]. Journal of International Marketing, 2008, 16 (1): 120-146.

38. HENRI LOUBERGÉ. An economist's view on risk perceptions for severe accidents [J]. The Geneva Papers on Risk and Insurance. Issues and Practice, 2001, 26 (3): 452-458.

39. HENRIK ANDERSSON, PETTER LUNDBORG. Perception of own death risk: an analysis of road-traffic and overall mortality risks [J]. Journal of Risk and Uncertainty, 2007, 34 (1): 67-84.

40. IBIDUN O ADELEKAN, ADENIYI P. ASIYANBI. Flood risk perception in flood-affected communities in Lagos, Nigeria [J]. Nat Hazards, 2016, 80: 445-469.

41. JANE A BUXTON, JOAN L. BOTTORFF, LYNDA G. BALNEAVES, et al. Women's perceptions of breast cancer risk: are they accurate? [J]. Canadian Journal of Public Health, 2003, 94 (6): 422-426.

42. JASON THISTLETHWAITE, DANIEL HENSTRA, CRAIG BROWN. How flood experience and risk perception influences protective actions and behaviours among Canadian homeowners [J]. Environmental Management, 2018, 61 (2): 197-208.

43. JIANMIN JIA, JAMES S DYER, JOHN C BUTLER. Measures of perceived risk [J]. Management Science, 1999, 45 (4): 519-532.

44. JIM CRICHTON. Risk perceptions of mental health nurses [J]. Risk Management, 2001, 3 (1): 39-46.

45. JIN-TAN LIU, V KERRY SMITH. Risk communication and attitude change: Taiwan's national debate over nuclear power [J]. Journal of Risk and Uncertainty, 1999, 3 (4): 331-349.

46. JIN-TAN LIU, CHEE-RUEY HSIEH. Risk perception and smoking behavior: empirical evidence from Taiwan [J]. Journal of Risk and Uncertainty, 1995, 11 (2): 139-157.

47. JONATHAN HOWLAND, THOMAS W MANGIONE, SARA MINSKY. Perceptions of risks of drinking and boating among Massachusetts boaters [J]. Public Health Reports (1974-), 1997, 111 (4): 372-377.

48. K DANIELS. Perceived risk from occupational stress: a survey of 15 European countries [J]. Occupational and Environmental Medicine, 2004, 61 (5): 467-470.

49. KATHRYN A ROBB, ANNE MILES, JANE WARDLE. Subjective and objective risk of colorectal cancer (UK) [J]. Cancer Causes & Control, 2004, 15 (1): 21-25.

50. KE CUI, ZIQIANG HAN. Association between disaster experience and quality of life: the mediating role of disaster risk perception [J]. Quality of Life Research, 2019, 28: 509-513.

51. KERRY THOMAS, H J DUNSTER, C GREEN. Comparative risk perception: how the public perceives the risks and benefits of energy systems [J]. Proceedings of the Royal Society of London. Series A, Mathematical and Physical Sciences, 1981, 376 (1764): 35-50.

52. KRISTY J LAUVER, SCOTT LESTER, HUY LE. Supervisor support and risk perception: their relationship with unreported injuries and near misses [J]. Journal of Managerial Issues, 2009, 21 (3): 327-343.

53. LANG HUANG, CHAO WU, BING WANG, et al. An unsafe behaviour formation mechanism basedon risk perception? [J]. Human Factors and Ergonomics, 2019, 29 (2): 109-117.

54. LENNART SJÖBERG. Risk perception in Western Europe [J]. Ambio, 1999, 28 (6): 534-549.

55. LENNART SJÖBERG. The methodology of risk perception research [J]. Quality & Quantity, 2000, 34 (4): 407-418.

56. LENNART SJÖBERG. Attitudes toward technology and risk: going beyond what is immediately given [J]. Policy Science, 2002, 35 (4): 379-400.

57. LENNART SJÖBERG. Policy implications of risk perception research: a case of the emperor's new clothes? [J]. Risk Management, 2002, 4 (2): 11-20.

58. LENNART SJÖBERG. Explaining individual risk perception: the case of nuclear waste [J]. Risk Management, 2004, 6 (1): 51-64.

59. LENNART SJÖBERG. The perceived risk of terrorism [J]. Risk Management, 2005, 7 (1): 43-61.

60. LENNART SJÖBERG. Emotions and risk perception [J]. Risk Management, 2007, 9 (4): 223-237.

61. LORRAINE WILLIAMS, ANDREW E COLLINS, ALBERTO BAUAZE, et al. The role of risk perception in reducing cholera vulnerability [J]. Risk Management, 2010, 12 (3): 163-184.

62. LOUISE A HULTON, RACHEL CULLEN, SYMONS WAMALA KHALOK-HO. Perceptions of the risks of sexual activity and their consequences among Ugandan adolescents [J]. Studies in Family Planning, 2000, 31 (1): 35-46.

63. LYNN FREWER. Risk perception, social trust, and public participation in strategic cecision making: implications for emerging technologies [J]. Ambio, 1999, 28 (6): 569-574.

64. LYNN MORRISON. "It's in the nature of men": women's perception of risk for HIV/AIDS in Chiang Mai, Thailand [J]. Culture, Health & Sexuality, 2006, 8 (2): 145-159.

65. MARIA GABRIELLE SWORA. Using cultural consensus analysis to study sexual risk perception: a report on a pilot study [J]. Culture, Health & Sexuality, 2003, 5 (4): 339-352.

66. MARVIN STAROMINSKI-UEHARA. How structural mitigation shapes risk perception and affects decision - making [J]. Disasters, 2021, 45 (1): 46-66.

67. MARY E THOMSON, DILEK ÖNKAL, GÜLBAN GÜVENÇ. A cognitive portrayal of risk perception in Turkey: some cross-national comparisons [J]. Risk Management, 2003, 5 (4): 25-35.

68. MARY RIDDEL. Risk perception, ambiguity, and nuclear-waste transport [J]. Southern Economic Journal, 2009, 75 (3): 781-797.

69. MEHDI NOROOZI, ELAHE AHOUNBAR, SALAH EDDIN KARIMI. HIV risk perception and risky behavior among people who inject drugs in Kermanshah, Western Iran [J]. International Journal of Behavioral Medicine, 2017, 24 (4): 613-618.

70. MICHAEL SPURRIER, ALEXANDER BLASZCZYNSKI. Risk perception in gambling: a systematic review [J]. Journal of Gambling Studies, 2014, 30 (2): 253-276.

71. MICHAEL SPURRIER, ALEXANDER BLASZCZYNSKI, PAUL RHODES. Gambler risk perception: a mental model and grounded theory analysis [J]. Journal of Gambling Studies, 2015, 31: 887-906.

72. MIEKE COULING. Tsunami risk perception and preparedness on the east coast of New Zealand during the 2009 Samoan Tsunami warning [J]. Nat Hazards, 2014, 71: 973-986.

73. NICOLÁS C BRONFMAN, PAMELA C CISTERNAS, ESPERANZA LÓPEZ-VÁZQUEZ, et al. Trust and risk perception of natural hazards: implications for risk preparedness in Chile [J]. Natural Hazards, 2016, 81 (1): 307-327.

74. NICOLÁS C BRONFMAN, PAMELA C CISTERNAS, PAULA B REPET-TO, et al. Understanding the relationship between direct experience and risk perception of natural hazards [J]. Risk Analysis, 2020, 40 (10): 2057-2070.

75. NILESH CHATTERJEE, G M MONAWAR HOSAIN. Perceptions of risk and behavior change for prevention of HIV among married womenin Mumbai, India [J]. Journal of Health, Population and Nutrition, 2006, 24 (1): 81-88.

76. NOROOZI MEHDI, AHOUNBAR ELAHE, KARIMI SALAH EDDIN, et al. HIV risk perception and risky behavior among people who inject drugs in Kermanshah, Western Iran [J]. Internation Journal of Behavioral Medicine, 2017, 24: 613-618.

77. ORTWIN RENN. Perception of risks [J]. The Geneva Paper on Risk and Insurance. Issues and Practice, 2004, 29 (1): 102-114.

78. P BUBECK, W J W BOTZEN, J C J H. AERTS. A review of risk perceptions and other factors that influence flood mitigation behavior [J]. Risk Analysis, 2012, 32 (9): 1481-1495.

79. PATRICIA CLARK, PILAR LAVIELLE. Risk perception and knowledge about osteoporosis: well informed but not aware? a cross-sectional study [J]. Journal of Community Health, 2015, 40: 245-250.

80. PATRICK PERETTI - WATEL, JEAN CONSTANCE, PHILIPPE GUIL-BERT, et al. Smoking too few cigarettes to be at risk? smokers' perceptions of risk and risk denial, a French survey [J]. Tobacco Control, 2007, 16 (5): 351-356.

81. PAUL SLOVIC, BARUCH FISCHHOFF, SARAH LICHTENSTEIN, et al. Perceived risk: psychological factors and social implications [J]. Proceedings of the Royal Society of London. Series A, Mathematical and Physical Sciences, 1981, 376 (1764): 17-34.

82. PAUL SLOVIC. Perception of risk [J]. Science, New Series, 1987, 236 (4799): 280-285.

83. PAUL SLOVIC, JAMES H FLYNN, MARK LAYMAN. Perceived risk, trust, and the politics of nuclear waste [J]. Science, 1991, 254 (5038): 1603-1607.

84. PAUL SLOVIC. The perception of risk [M]. London: Earthscan, 2000.

85. PAUL SLOVIC, ELLEN PETERS. Risk perception and affect [J]. Current Directions in Psychological Science, 2006, 15 (6): 322-325.

86. PAVEL RAŠKA. Flood risk perception in Central-Eastern European members states of the EU: a review [J]. Natural Hazards, 2015, 79 (3): 2163-2179.

87. PETTER LUNDBORG. Smoking, information sources, and risk perceptions: new results on Swedish data [J]. Journal of Risk and Uncertainty, 2007, 34 (3): 217-240.

88. PETTER LUNDBORG, BJÖRN LINDGREN. Risk perceptions and alcohol consumption among young people [J]. Journal of Risk and Uncertainty, 2002, 25 (2): 165-183.

89. PETTER LUNDBORG, BJÖRN LINDGREN. Do they know what they are doing? risk perceptions and smoking behaviour among Swedish teenagers [J]. Journal of Risk and Uncertainty, 2004, 28 (3): 261-286.

90. REBECCA J JOHNSON, KEVIN D MCCAUL, WILLIAM M P KLEIN. Risk involvement and risk perception among adolescents and young adults [J]. Journal of Behavioral Medicine, 2002, 25 (1): 67-82.

91. ROBERT J HOOVER, ROBERT T GREEN, JOEL SAEGERT. A cross-national study of perceived risk [J]. Journal of Marketing, 1978, 42 (3): 102-108.

92. ROBERT N BONTEMPO, WILLIAM P BOTTOM, ELKE U WEBER. Cross-cultural differences in risk perception: a model-based approach [J]. Risk Analysis, 1997, 17 (4): 479-488.

93. ROGER E KASPERSON, ORTWIN RENN, PAUL SLOVIC, et al. The social amplification of risk: a conceptual framework [J]. Risk Analysis, 1988, 8 (2): 177-187.

94. RICHARD P BARKE, HANK JENKINS-SMITH, PAUL SLOVIC. Risk perceptions of men and women scientists [J]. Social Science Quarterly, 1997, 78 (1): 167-176.

95. RUTH M W YEUNG, JOE MORRIS. Food safety risk: consumer perception and purchase behaviour [J]. British Food Journal, 2001, 103 (3): 170-186.

96. RUTH M W YEUNG, WALLACE M S YEE. Risk reduction: an insight from the UK poultry industry [J]. Nutrition & Food Science, 2003, 33 (5): 219-229.

97. S K VARGAS, K A KONDA, S R LEON, et al. The relationship between risk perception and frequency of HIV testing among men who have sex with men and transgender women, lima, peru [J]. AIDS and Behavior, 2018, 22: S26–S34.

98. S. SADHRA, J PETTS, S MCALPINE, et al. Workers' understanding of chemical risks: electroplating case study [J]. Occupational and Environmental Medicine, 2002, 59 (10): 689–695.

99. SARA E VARGAS, JOSEPH L FAVA, LAWRENCE SEVERY, et al. Psychometric properties and validity of a multi–dimensional risk perception scale developed in the context of a microbicide acceptability study [J]. Archives of Sexual Behavior, 2016, 45 (2): 415–428.

100. SEFA MIZRAK, RAMAZAN ASLAN. Disaster risk perception of university students [J]. Risk, Hazards, & Crisis in Public Policy, 2020, 11 (4): 411–433.

101. SHAZIA HASSAN, WAJEEHA GHIAS, TATHEER FATIMA. Climate change risk perception and youth mainstreaming: challenges and policy recommendations [J]. Earth Systems and Environment, 2018, 2: 515–523.

102. SILVIA RUSSO, MICHELE ROCCATO, ALESSIO VIENO. Criminal victimization and crime risk perception: a multilevel longitudinal study [J]. Social Indicators Research, 2013, 112: 535–548.

103. STEPHEN SUTTON. Perception of health risks: a selective review of the psychological literature [J]. Risk Management, 1999, 1 (1): 51–59.

104. STÉPHANE HELLERINGER, HANS–PETER KOHLER. Social networks, perceptions of risk, and changing attitudes towards HIV/AIDS: new evidence from a longitudinal study using fixed–effects analysis [J]. Population Studies, 2005, 59 (3): 265–282.

105. SU–JUNG NAM. The effects of consumer empowerment on risk perception and satisfaction with food consumption [J]. International Journal of Consumer Studies, 2019, 43 (5): 429–436.

106. SUSAN A HORNIBROOK, MARY MCCARTHY, ANDREW FEARNE. Consumers' perception of risk: the case of beef purchases in Irish supermarkets [J]. International Journal of Retail & Distribution Management, 2005, 33 (10): 703.

107. SUSAN L SANTOS. Developing a risk communication strategy [J]. Journal (American Water Works Association), 1990, 82 (11): 45–49.

108. T GRAVINA, E FIGLIOZZI, N MARI, et al. Landslide risk perception in Frosinone (Lazio, Central Italy) [J]. Landslides, 2017, 14: 1419-1429.

109. T R LEE. The public's perception of risk and the question of irrationality [J]. Proceedings of the Royal Society of London. Series A, Mathematical and Physical Science, 1981, 376 (1764): 5-16.

110. TEUN TERPSTRA. Emotions, trust, and perceived risk: affective and cognitive routes to flood preparedness behavior [J]. Risk Analysis, 2011, 31 (10): 1658-1675.

111. THOMAS R PROHASKA, GARY ALBRECHT, JUDITH A LEVY, et al. Determinants of self-perceived risk for AIDS [J]. Journal of Health and Social Behavior, 1990, 31 (4): 384-394.

112. TIMOTHY SLY. The perception and communication of risk: a guide for the local health agency [J]. Canadian Journal of Public Health, 2000, 91 (2): 153-156.

113. V KERRY SMITH, WILLIAM H DESVOUSGES, F REED JOHNSON, et al. Can public information programs affect risk perceptions? [J]. Journal of Policy Analysis and Management, 1990, 9 (1): 41-59.

114. VINAYA S MURTHY, MARY A GARZA, DONNA A ALMARIO, et al. Using a family history intervention to improve cancer risk perception in a black community [J]. Journal of Genetic Counseling, 2011, 20 (6): 639-649.

115. VINCENT T COVELLO. Risk perception and communication [J]. Canadian Journal of Public Health, 1995, 86 (2): 78-79.

116. VIRGINIE MAMADOUH. Grid-group cultural theory: an introduction [J]. GeoJournal, 1999, 47 (3): 395-409.

117. VIVIANNE H M VISSCHERS, MICHAEL SIEGRIST. Exploring the triangular relationship between trust, affect, and risk perception: a review of the literature [J]. Risk Management, 2008, 10 (3): 156-167.

118. W KIP VISCUSI. Age variations in risk perceptions and smoking decisions [J]. The Review of Economics and Statistics, 1991, 73 (4): 577-588.

119. WILLIAM H FOEGE. Plagues: perceptions of risk and social responses [J]. Social Research, 1988, 55 (3): 331-342.

120. XIAOFEI XIE, MEI WANG, LIANCANG XU. What risks are Chinese people concerned about? [J]. Risk analysis, 2003, 23 (4): 685-695.

121. YECHIEL KLAR, EILATH E GILADI. No one in my group can be below the group's average: a robust positivity bias in favor of anonymous peers [J]. Journal of Personality and Social Psychology, 1997, 73 (5): 885-901.

附录　调查问卷样例

问卷编号：□□□□

调查员签名：＿＿＿＿＿＿＿

青少年网络风险认知及其对网络行为的影响调查问卷

亲爱的同学：

　　您好！

　　为进一步了解青少年网络风险认知状况，以及网络风险认知对青少年网络行为的影响，及时向教育相关部门反映青少年网络风险认知中存在的问题，并就如何实施青少年网络风险教育向教育相关部门提出建议，我们特组织了此次问卷调查。我们按照科学的方法选取您作为青少年的代表参加这次活动，希望能得到您的支持与帮助！

　　本次调查不用填写姓名，各项答案没有正确错误之分，所有回答只用于统计分析，请您不必有任何顾虑。

　　衷心感谢您的支持和参与！

　　祝您学习进步！

《青少年网络风险认知及其对网络行为的影响研究》课题组

2019 年 5 月

说明：

1. 填写问卷时，请不要与他（她）人商量。

2. 在选择的答案中打"√"，或者在"＿＿＿＿＿＿"中填写答案。

3. 题中无特殊说明的，每个问题只选择一个答案。

4. 请认真阅读填答，以免遗漏问题。

1. 您的性别：

（1）男 （2）女

2. 您的年龄：_____岁（请填写）

3. 您所在的年级：

（1）初一 （2）初二

（3）初三 （4）高一

（5）高二 （6）高三

（7）大一 （8）大二

（9）大三 （10）大四

（11）研究生

4. 您的户籍所在地：

（1）城镇 （2）农村

5. 您目前的身体健康状况：

（1）很健康 （2）比较健康

（3）一般 （4）比较不健康

（5）很不健康

6. 您父亲的文化程度：

（1）小学及以下 （2）初中

（3）高中或中专 （4）大专

（5）本科 （6）研究生

7. 您父亲目前从事的职业：

（1）党政机关公务员 （2）企事业单位管理人员

（3）企事业单位一般工作人员 （4）各类专业技术人员

（5）商业人员 （6）服务业人员

（7）个体经营人员 （8）离、退休人员

（9）务农者 （10）失业、待业者

（11）其他职业人员（请写明）_____

8. 您母亲的文化程度：

（1）小学及以下 （2）初中

（3）高中或中专 （4）大专

（5）本科 （6）研究生

9. 您母亲目前从事的职业：

（1）党政机关公务员 （2）企事业单位管理人员

（3）企事业单位一般工作人员　　（4）各类专业技术人员

（5）商业人员　　　　　　　　　（6）服务业人员

（7）个体经营人员　　　　　　　（8）离、退休人员

（9）务农者　　　　　　　　　　（10）失业、待业者

（11）其他职业人员（请写明）_____

10. 您家的家庭经济状况在所在地大体属于哪种水平？

（1）远低于平均水平　　　　　　（2）低于平均水平

（3）平均水平　　　　　　　　　（4）高于平均水平

（5）远高于平均水平

11. 您家的社会地位在所在地大体属于哪个层次？

（1）上层　　　　　　　　　　　（2）中上层

（3）中层　　　　　　　　　　　（4）中下层

（5）下层

12. 您第一次接触网络是在哪一年：_____年（请填写实际的年份）

13. 您认为您本人遭遇下列网络风险的可能性有多大？（请在相应的空格内打"√"）

序号	网络风险项目	非常可能	比较可能	一般	不大可能	很不可能
（1）	隐私泄露					
（2）	不良信息					
（3）	垃圾信息					
（4）	网络诈骗					
（5）	网络暴力					
（6）	恶意骚扰					
（7）	网络病毒					
（8）	黑客攻击					
（9）	资料丢失					
（10）	网络故障					
（11）	买到次品					
（12）	费用超支					
（13）	网络成瘾					

14. 您认为除您之外的其他人遭遇下列网络风险的可能性有多大？（请在相应的空格内打"√"）

序号	网络风险项目	非常可能	比较可能	一般	不大可能	很不可能
（1）	隐私泄露					
（2）	不良信息					
（3）	垃圾信息					
（4）	网络诈骗					
（5）	网络暴力					
（6）	恶意骚扰					
（7）	网络病毒					
（8）	黑客攻击					
（9）	资料丢失					
（10）	网络故障					
（11）	买到次品					
（12）	费用超支					
（13）	网络成瘾					

15. 如果下列网络风险发生在您身上，您认为对您本人而言，后果将有多严重？（请在相应的空格内打"√"）

序号	网络风险项目	非常严重	比较严重	一般	不大严重	很不严重
（1）	隐私泄露					
（2）	不良信息					
（3）	垃圾信息					
（4）	网络诈骗					
（5）	网络暴力					
（6）	恶意骚扰					
（7）	网络病毒					
（8）	黑客攻击					

序号	网络风险项目	非常严重	比较严重	一般	不大严重	很不严重
(9)	资料丢失					
(10)	网络故障					
(11)	买到次品					
(12)	费用超支					
(13)	网络成瘾					

16. 如果下列网络风险项目发生在<u>除您之外的其他人身上</u>，您认为对<u>他们</u>而言，后果将有多严重？（请在相应的空格内打"√"）

序号	网络风险项目	非常严重	比较严重	一般	不大严重	很不严重
(1)	隐私泄露					
(2)	不良信息					
(3)	垃圾信息					
(4)	网络诈骗					
(5)	网络暴力					
(6)	恶意骚扰					
(7)	网络病毒					
(8)	黑客攻击					
(9)	资料丢失					
(10)	网络故障					
(11)	买到次品					
(12)	费用超支					
(13)	网络成瘾					

17. 最近一个月，您平均每天上网的时间大约为：

(1) 1 小时以内　　(2) 1~2 小时

(3) 2~3 小时　　(4) 3~4 小时

(5) 4 小时以上

18. 您的网络知识：

（1）非常丰富　　　　　　　（2）比较丰富

（3）一般　　　　　　　　　（4）比较欠缺

（5）非常欠缺

19. 您获取网络知识的途径主要有：（可多选）

（1）学校教育　　　　　　　（2）家庭教育

（3）同学或朋友间的交流　　（4）大众媒介的传播

（5）自学　　　　　　　　　（6）其他（请写明）_____

20. 您对网络的使用：

（1）非常熟练　　　　　　　（2）比较熟练

（3）一般　　　　　　　　　（4）不太熟练

（5）很不熟练

21. 总的来说，您是否同意网络中的绝大多数人都可以信任？

（1）非常同意　　　　　　　（2）比较同意

（3）一般　　　　　　　　　（4）不大同意

（5）很不同意

22. 就您所知，下列人物是否有过网络风险经历（如个人隐私泄露、遭遇虚假信息、买到次品或是被黑客攻击等）？（请在相应的空格内打"√"）

序号	相关人物	有过	没有过	不清楚
（1）	您本人			
（2）	您的同学或朋友			
（3）	您的家人			

23. 对于下列说法，您的看法是：（请在相应的空格内打"√"）

序号	相关陈述	非常同意	比较同意	一般	不大同意	很不同意
（1）	我对网络新生事物充满好奇，想尝试					
（2）	为了成功，当有机会冒险时，我愿赌上一把					

序号	相关陈述	非常同意	比较同意	一般	不大同意	很不同意
(3)	他人使用网络新工具或新方法成功后，我才会使用					
(4)	为了保障网络使用安全，我会积极采取网络安全防范措施					
(5)	当需要对网络使用进行决策时，我会再三考虑					

24. 您和您的同学或朋友交流过有关网络风险方面的事情吗？

（1）经常交流　　　　　　　（2）偶尔交流

（3）从不交流

25. 您的家人给您讲过有关网络风险方面的事情吗？

（1）经常讲　　　　　　　　（2）偶尔讲

（3）从不讲

26. 据媒体报道，2018 年 3 月，河北某大学生因无法偿还网络借贷的金额而自杀身亡。请问：看完此类新闻报道后，您对网络借贷风险的认识有无变化？

（1）网络借贷风险比我原来想象的还要大

（2）我对网络借贷风险的认识并没因此而发生变化

（3）网络借贷风险比我原来想象的要小一些

（4）说不清楚

27. 您是否有过这样的经历，即您原先认为开展某些网络活动（如网络支付、网络交友）的风险较大，但经过媒体报道后，改变了原来的想法，认为该活动的风险并没有原来想象的那么大？

（1）有过　　　　　　　　　（2）没有过

（3）不清楚

28. 您认为在开展下列网络活动时，遭遇网络风险（如个人隐私泄露、遭遇虚假信息或是被黑客攻击等）的可能性有多大？（请在相应的空格内打"√"）

序号	网络活动类型	非常可能	比较可能	一般	不大可能	很不可能
（1）	网络信息获取					
（2）	网络沟通交流					
（3）	网络娱乐					
（4）	网络商务交易					

29. 您认为在下列网络场所活动，遭遇网络风险（如个人隐私泄露、遭遇虚假信息或是被黑客攻击等）的可能性有多大？（请在相应的空格内打"√"）

序号	网络活动场所	非常可能	比较可能	一般	不大可能	很不可能
（1）	论坛					
（2）	网络直播					
（3）	新闻组社区					
（4）	博客					
（5）	微博					
（6）	微信					
（7）	QQ					
（8）	电子邮件					
（9）	交友社区					
（10）	购物社区					
（11）	游戏、竞技社区					

30. 您所在的学校开展过何种形式的网络风险教育？（可多选）

（1）开设有关网络风险教育的课程

（2）举办有关网络风险的讲座

（3）开展有关网络风险的主题班会

（4）开展有关网络风险的竞赛

（5）从没开展过

（6）不清楚

（7）其他（请写明）_____

如果您选择（1）（2）（3）（4）（7）中的一个或多个，请问：您参加了吗？

①参加了

②没有参加

如果您选择（5）或（6），请问：您希望您所在的学校开展网络风险教育吗？

①希望

②不希望

31. 您是否通过网络进行过<u>信息获取</u>（如浏览新闻、通过百度进行信息搜索等）？

（1）是　　　　　　　　　　（2）否

如果您选择（2），请跳过进入下一题；

如果您选择（1），请问：您在进行信息获取时，采取过下列哪些网络安全防护措施？（可多选）

①安装杀毒软件　　　　　　②安装防火墙

③不连接陌生的无线网络　　④谨慎访问不熟悉或是不了解的网站

⑤用户注册时谨慎填写真实信息　⑥定期更改密码或设置复杂密码

⑦不向陌生人透露个人隐私　⑧及时清理上网记录

⑨没有采取过任何措施　　　⑩其他（请写明）＿＿＿＿＿＿

32. 您是否通过网络（如通过 QQ、微信、微博、论坛等）与他（她）人进行过<u>沟通交流</u>？

（1）是　　　　　　　　　　（2）否

如果您选择（2），请跳过进入下一题；

如果您选择（1），请问：您在与他（她）人进行沟通交流时，采取过下列哪些网络安全防护措施？（可多选）

①安装杀毒软件　　　　　　②安装防火墙

③不连接陌生的无线网络　　④谨慎访问不熟悉或是不了解的网站

⑤用户注册时谨慎填写真实信息　⑥定期更改密码或设置复杂密码

⑦不向陌生人透露个人隐私　⑧及时清理上网记录

⑨没有采取过任何措施　　　⑩其他（请写明）＿＿＿＿＿＿

33. 您是否通过网络开展过<u>娱乐活动</u>（如玩游戏、听音乐、看视频等）？

（1）是　　　　　　　　　　（2）否

如果您选择（2），请跳过进入下一题；

如果您选择（1），请问：您在进行网络娱乐时，采取过下列哪些网络安全防护措施？（可多选）

①安装杀毒软件　　　　　　②安装防火墙

③不连接陌生的无线网络　　④谨慎访问不熟悉或是不了解的网站

⑤用户注册时谨慎填写真实信息　⑥定期更改密码或设置复杂密码

⑦不向陌生人透露个人隐私　⑧及时清理上网记录

⑨没有采取过任何措施　　　⑩其他（请写明）_____

34. 您是否通过网络进行过**商务交易**（如网络购物、网络支付等）?

（1）是　　　　　　　　　　（2）否

如果您选择（2），请结束本次调查；

如果您选择（1），请问：您在进行商务交易时，采取过下列哪些网络安全防护措施？（可多选）

①安装杀毒软件　　　　　　②安装防火墙

③不连接陌生的无线网络　　④谨慎访问不熟悉或是不了解的网站

⑤用户注册时谨慎填写真实信息　⑥定期更改密码或设置复杂密码

⑦不向陌生人透露个人隐私　⑧及时清理上网记录

⑨没有采取过任何措施　　　⑩其他（请写明）_____

我们的调查到此结束！再次向您表示感谢！